FORSCHUNGSBERICHT DES LANDES NORDRHEIN-WESTFALEN

Nr. 2765/Fachgruppe Umwelt/Verkehr

Herausgegeben im Auftrage des Ministerpräsidenten Heinz Kühn
vom Minister für Wissenschaft und Forschung Johannes Rau

AF791263

Dr.-Ing. Martin Cox
Dipl.-Ing. Johannes Nicolin

Institut für Fördertechnik und Schienenfahrzeuge
der Rhein.-Westf. Techn. Hochschule Aachen

o. Prof. Dr.-Ing. Johannes Nöthen

Untersuchungen über die Abhängigkeit der Laufruhe von Schienenfahrzeugen von der Bauart der Laufwerke und der Gleise bei Höchstgeschwindigkeiten

Springer Fachmedien Wiesbaden GmbH 1978

CIP-Kurztitelaufnahme der Deutschen Bibliothek

Cox, Martin:
Untersuchungen über die Abhängigkeit der Laufruhe von Schienenfahrzeugen von der Bauart der Laufwerke und der Gleise bei Höchstgeschwindigkeiten / Martin Cox ; Johannes Nicolin. - 1.Aufl. - Opladen: Westdeutscher Verlag, 1978.
(Forschungsberichte des Landes Nordrhein-Westfalen ; Nr. 2765 : Fachgruppe Umwelt, Verkehr)
ISBN 978-3-531-02765-4 ISBN 978-3-322-88419-0 (eBook)
DOI 10.1007/978-3-322-88419-0
NE: Nicolin, Johannes:

© 1978 by Springer Fachmedien Wiesbaden
Ursprünglich erschienen bei Westdeutscher Verlag 1978
Gesamtherstellung: Westdeutscher Verlag

ISBN 978-3-531-02765-4

Inhalt

1. Verzeichnis der Formelzeichen

A	Arbeit
A_H, A_M	Arbeit des Hauptvorganges, des Modellvorganges
a	halbe Länge des Modelldrehgestells
a_{WK}	halbe Länge des Modellwagenkasten
$\bar{a}$	Kontaktflächenhalbachse der Radaufstandsflächenellipse in Längsrichtung
b	Beschleunigung
b_H, b_M	Beschleunigung beim Hauptvorgang, Modellvorgang
b'	halbe Breite des Modelldrehgestells
b'_{WK}	halbe Breite des Modellwagenkastens
$\bar{b}$	Kontaktflächenhalbachse der Radaufstandsellipse in Querrichtung
c	Federsteifigkeit
c_H, c_M	Federsteifigkeit einer Feder bei der Hauptausführung, beim Modell
$\bar{c}$	Fahrgeschwindigkeit
d	Dämpfungskonstante
$d(v)$	Dämpfung als Funktion der Geschwindigkeit v
$\bar{d}$	Weg der Wiege bis zum 1. Anschlag (in Querrichtung)
E	Elastizitätsmodul
F	Kraft
F_A	Achslagerkraft in Fahrtrichtung
F_H, F_M	Kraft an der Hauptausführung, am Modell wirkend
$F_{U,Rad}$	Umfangskraft am Rad, im Radaufstandspunkt
$F_{H,Dämpf}$ $F_{M,Dämpf}$	Kraft aus der hydraulischen Dämpfung der Hauptausführung, des Modells

$F_{H,Reib}$	Reibkraft im Radaufstandspunkt der Hauptausführung,
$F_{M,Reib}$	des Modells
$F_{H,Rück}$	Rückstellkraft aus der Federung der Hauptausführung,
$F_{M,Rück}$	des Modells
F_{Norm}	Komponente der Radlast Q senkrecht zur Radaufstandsfläche
F_{stat-y}	Komponente der Radlast Q in der Radaufstandsfläche in Querrichtung
F_x	Kraft in x-Richtung
F_y	Kraft in y-Richtung
f	Frequenz
f_H, f_M	Frequenz der Hauptausführung, des Modells
$\bar{f}_x$	normierter Kraftschlußbeiwert in x-Richtung (nach Kalker)
$\bar{f}_y$	normierter Kraftschlußbeiwert in y-Richtung (nach Kalker)
g	Erdbeschleunigung
g_H, g_M	Erdbeschleunigung auf die Hauptausführung, auf das Modell wirkend
L	Länge
L_H, L_M	Längenabmessung der Hauptausführung, der Modellausführung
L'	Wellenlänge des Sinuslaufes
l	Länge der Wiegenpendel
M_{Reib}	Moment aus der Lagerreibung
m	Masse
m_H, m_M	Masse der Hauptausführung, der Modellausführung
m_{DG}	Masse des Drehgestells
m_{WK}	Masse des Wagenkastens
$1/\bar{m}$	Poisson'sche Zahl
Q	Radlast
R	Radius
R_{Treib}	Radius der Treibscheiben

r	Radius
s	halbe Stützweite
T	Dauer einer Schwingung
T_H, T_M	Dauer einer Schwingung des Hauptvorganges, des Modellvorganges
t	Zeit
t_H, t_M	Zeit des Hauptvorganges, des Modellvorganges
V	Volumen
V_H, V_M	Volumen der Hauptausführung, des Modells
v	Geschwindigkeit
v_g	Grenzgeschwindigkeit nach Sperling
v_H, v_M	Grenzgeschwindigkeit der Hauptausführung, des Modells
v_{Rad}	Geschwindigkeit des Rades
v_{UTreib}	Umfangsgeschwindigkeit der Treibscheiben
v'	Dämpferkolbengeschwindigkeit
x	-Freiheitsgrad, Auslenkung in x-Richtung
y	-Freiheitsgrad, Auslenkung in y-Richtung
z	-Freiheitsgrad, Auslenkung in z-Richtung
α	Übertragungsmaßstab für Winkel
$\bar{\alpha}$	Gleitwinkel (nach Kalker)
β	Winkel
γ	Kegelneigung des Radreifenprofils
γ_H	Ersatzkegelneigung des Radreifenprofils DBII
ε	Winkelbeschleunigung
$\varepsilon_{H,\ M}$	Winkelbeschleunigung der Hauptausführung, des Modells
η	Querauslenkung des Radsatzes
η'	Wiegenauslenkung in Querrichtung
$\bar{\eta}$	normierterSchlupf in y-Richtung (nach Kalker)
ϑ	Temperaturmaßstab

$\varkappa$	Kräftemaßstab
$\bar{\varkappa}$	Mittelwert von Kräftemaßstäben
λ	Längenmaßstab
μ	Massenmaßstab
$\bar{\mu}$	konstanter Reibwert (nach Kalker)
ν	Geschwindigkeitsmaßstab
$\bar{\nu}$	Schlupf
$\bar{\nu}_K$	normierter Schlupf (nach Kalker)
$\bar{\nu}_X$	normierter Schlupf in x-Richtung
$\bar{\nu}_Y$	normierter Schlupf in y-Richtung
$\bar{\xi}$	normierter Schlupf in x-Richtung (nach Kalker)
ρ	Dichte
$\bar{\rho}$	Ersatzkrümmungsradius nach Hertz
σ	Spurspiel
τ	Zeitmaßstab
τ'	Zeitmaßstab berechnet aus $\bar{\varkappa}$ der Dämpfungskräfte
Φ	Spin in der Radaufstandsfläche (nach Kalker)
φ	-Freiheitsgrad, rotatorische Auslenkung um die x-Achse
χ	-Freiheitsgrad, rotatorische Auslenkung um die y-Achse
ψ	-Freiheitsgrad, rotatorische Auslenkung um die z-Achse
ω	Winkelgeschwindigkeit

2. Einleitung

Eine Verbesserung des Laufverhaltens von Schienenfahrzeugen ist in den letzten Jahren besonders vor dem Hintergrund der angestrebten höheren Fahr- und Reisegeschwindigkeiten aber auch der damit verbundenen Verminderung des Verschleißes von Fahrzeug und Gleis aktuell geworden.

Die vor diesem Hintergrund zur Untersuchung des Laufverhaltens auf der Strecke durchgeführten Fahrversuche stießen dabei schnell an ihre Grenze. Der Hauptgrund hierfür bestand und besteht darin, daß Streckenversuche wegen der vielen einflußnehmenden Parameter kaum unter gleichen Bedingungen wiederholt werden können. Dies führt zu "nichtreproduzierbaren" Ergebnissen, die durch die fehlende Systematik nur von bedingter Aussagekraft sind.

Zur Untersuchung des Laufverhaltens und den sich daraus ergebenden Verbesserungen sind aber Versuche unverzichtbar. Aus diesen Gründen wurde schon bald versucht, die Fahrt auf der Strecke auf einem ortsfesten Prüfstand zu simulieren. Dabei ergaben sich u.a. die folgenden Vorteile:

- Störungen durch den Regelverkehr und des Regelverkehrs sind ausgeschlossen.
- Alle Parameter können weitgehend konstant gehalten werden.
- Messen ist relativ einfach möglich.
- Parameter können einfach und kostengünstig variiert werden.
- Versuche können über große Zeiträume durchgeführt werden.

Der Gedanke, Laufuntersuchungen auf einem Prüfstand im Maßstab 1:1 mit all seinen Vor- und Nachteilen durch solche auf einem Modellprüfstand im verkleinernden Maßstab zu ersetzen, erscheint dann nur konsequent und führt zu einer erheblichen Senkung der Kosten und Versuchszeiten (Umrüstzeiten).

Ein solcher Modellprüfstand im Maßstab 1:5 wurde mit finanzieller Unterstützung des Ministers für Wissenschaft und Forschung des Landes NRW am Institut für Fördertechnik und Schienenfahrzeuge der RWTH Aachen realisiert, s. Bild 1.

Im vorliegenden Bericht wird auf der Basis der Modelltheorie und dem Vergleich der Messungen am Modell mit den Messungen und theoretisch ermittelten Werten für ein Fahrzeug der Hauptausführung (Original) gezeigt, inwieweit der Modellprüfstand zur Untersuchung des Fahrzeuglaufs geeignet ist. Weiterhin werden seine Möglichkeiten und Grenzen bezüglich der Untersuchung des Schwingungsverhaltens von Schienenfahrzeugen aufgezeigt und die Ergebnisse - sowie sich daraus ergebende neue Fragestellungen - der ersten Untersuchungen vorgelegt.

3. Grundlagen zum Modell und zum Prüfstand

Im Folgenden werden die zur Konstruktion und Auswertung der Meßergebnisse notwendigen Grundlagen der Modelltheorie besprochen. Anschließend wird diese Theorie zur Ermittlung der Übertragungsmaßstäbe des Modells verwendet.

3.1. Abriß der Ähnlichkeitstheorie und der Modellgesetze

Der Zusammenhang zwischen dem Verhalten des Modells und des Orginals, der Hauptausführung, wird durch die Ähnlichkeitsbetrachtungen und die Modellgesetze hergestellt. Sie werden deshalb, soweit es erforderlich ist und sie auf das vorliegende Problem zutreffen, kurz dargelegt.

Zwischen einem Original und seinem Modell bestehen nicht nur hinsichtlich der Abmessungen mathematische Beziehungen, sondern aus der geometrischen Ähnlichkeit und den physikalischen Gesetzen lassen sich auch für die Massen, Geschwindigkeiten, Energien usw. gesetzmäßige Beziehungen ableiten, die Modellgesetze /1/. Dabei werden die die schwingungsdynamischen Erscheinungen beeinflussende

- Masse
- Verteilung der Masse und daraus resultierende Trägheitsmomente und Schwerpunktlagen
- Dämpfungsglieder
- Federung
- äußere Kräfte
- Geschwindigkeiten
- Beschleunigungen
- Rad-, Schienenprofile

zugrunde gelegt.

Die Verteilung der Masse und die daraus resultierenden Größen sind einander ähnlich, da die Massenverteilung bei der Konstruktion des Modells berücksichtigt wurde /2, 3/.

Grundbedingung für die Anwendung der Ähnlichkeitsmechanik ist eine physikalisch ähnliche Art der Vorgänge an den beiden Ausführungen. Dies trifft auf das Original und das nach ihm gebaute Modell zu, da die Vorgänge beider Ausführungen von Kräften gleicher physikalischer Art verursacht werden und prinzipiell die gleichen äußeren Einflüsse wirksam sind. Somit kann die Ähnlichkeitsmechanik auf das zu behandelnde Problem angewendet werden /4/.

3.1.1. Arten der Ähnlichkeit

3.1.1.1. Grundarten der Ähnlichkeit

3.1.1.1.1. Geometrische Ähnlichkeit

Gilt für alle einander entsprechenden Längen und Abmessungen von Hauptausführung (H) und Modell (M)

$$L_H = \lambda \cdot L_M \qquad (1)$$

so sind Hauptausführung und Modell geometrisch ähnlich. λ ist der Längenmaßstab und stellt den ersten Grundübertragungsmaßstab dar /3/.

3.1.1.1.2. Kräftemäßige Ähnlichkeit

Gilt für alle entsprechenden Kräfte von Hauptausführung und Modell

$$F_H = \varkappa \cdot F_M \qquad (2)$$

so besteht kräftemäßige Ähnlichkeit. $\varkappa$ ist der Kräftemaßstab und stellt den zweiten Grundübertragungsmaßstab dar.

3.1.1.1.3. Zeitliche Ähnlichkeit

Gilt für alle entsprechenden Zeiten der Vorgänge von Hauptausführung und Modell

$$t_H = \tau \cdot t_M \qquad (3)$$

so besteht zeitliche Ähnlichkeit. τ ist der Zeitmaßstab und stellt den dritten Grundübertragungsmaßstab dar.

3.1.1.2. Abgeleitete Arten der Ähnlichkeit

Die abgeleiteten Arten der Ähnlichkeit haben gleichzeitig mehrere Grundarten der Ähnlichkeit zur Bedingung. Dabei ergeben sich die in Abschnitt 3.1.1.2.1. bis 3.1.1.2.3. beschriebenen Ähnlichkeiten, s. Bild 2.

3.1.1.2.1. Kinematische Ähnlichkeit

Kinematische Ähnlichkeit liegt vor, wenn es sich bei den Ähnlichkeitsvorgängen nur um die Zuordnung der linearen und der zeitlichen Größen handelt, ohne Berücksichtigung der Massen und der sie bewegenden Kräfte /4/. Wenn also geometrische und zeitliche Ähnlichkeit gleichzeitig bestehen,folgt, daß jeder Punkt des Gebildes eine fest vorgegebene Bahn bei entsprechenden Zeiten durchlaufen wird.

3.1.1.2.2. Statische Ähnlichkeit

Statische Ähnlichkeit liegt vor, wenn geometrische und kräftemäßige Ähnlichkeit gleichzeitig bestehen; dabei müssen die Übertragungsmaßstäbe für Längen (λ) und Kräfte ($\varkappa$) nicht aneinander gebunden sein.

3.1.1.2.3. Dynamische Ähnlichkeit

Dynamische Ähnlichkeit liegt vor, wenn geometrische-, zeitliche- und kräftemäßige Ähnlichkeit gleichzeitig bestehen.

Weiterhin muß gefordert werden /1, 4/, daß die einzelnen Massen von Hauptausführung und Modell ihre Bewegungen unter der Wirkung der natürlichen Kräfte frei ausführen können. Hauptausführung und Modell führen dann in allen Teilen selbsttätig nach dem Grundgesetz der Mechanik

"Beschleunigungskraft = Masse x Beschleunigung"

Bewegungen aus. Daraus ergibt sich, daß sowohl die physikalische Art der die Beschleunigung hervorrufenden Kräfte als auch die Eigenschaften der beschleunigten Massen selbst einen bestimmten Einfluß auf die Ähnlichkeitsbeziehungen der beiden Vorgänge haben. Die Ähnlichkeitsbeziehungen werden beschrieben durch die Grundübertragungsmaßstäbe des Modells und deren Zusammenhänge, die durch die Modellgesetze gefordert werden.

3.1.2. Modellgesetze

Grundlage der Ähnlichkeitslehre sind die Modellgesetze, die die Zusammenhänge der Vorgänge beschreiben und festlegen. Hier sind wichtig das Froud'sche Modellgesetz, das Newton'sche allgemeine Ähnlichkeitsgesetz und die Bertrand'sche Bedingungsgleichung. Die Modellgesetze von Reynold (Strömungen mit Reibungsverlusten und Trägheitskräften), Thomson (Bewegungen unter der Wirkung der allgemeinen Schwere, z. B. in der Himmelsmechanik) und Cauchy (Bewegungsvorgänge unter der Wirkung elastischer Kräfte) sind für das zu untersuchende Problem, wie leicht einzusehen ist, nicht relevant.

3.1.2.1. Froud'sches Modellgesetz

Das Modellgesetz von Froud gilt für Bewegungen unter der Wirkung der Schwerkraft. Beide Bewegungsvorgänge sollen unter der Wirkung der Schwerkraft dynamisch ähnlich verlaufen. Als physikalische Kraft greift die Schwerkraft an alle Masseteilchen an. Es gilt:

$$\frac{F_H}{F_M} = \frac{m_H \, g_H}{m_M \, g_M} = \varkappa \qquad (4)$$

3.1.2.2. Newton'sches allgemeines Ähnlichkeitsgesetz

Newton geht von den wirkenden Kräften aus und sagt allgemein:

$$F = m \cdot b = \rho \cdot V \cdot b \qquad (5)$$

Damit gilt für Hauptausführung (H) und Modell (M):

$$F_H = m_H \, b_H = \rho_H \cdot V_H \cdot b_H \qquad (5a)$$

und

$$F_M = m_M \cdot b_M = \rho_M \cdot V_M \cdot b_M \tag{5b}$$

Diese Doppelgleichung wird als Newton'sches allgemeines Ähnlichkeitsgesetz bezeichnet. Es gilt weiterhin:

$$\frac{F_H}{F_M} = \frac{m_H\, b_H}{m_M\, b_M} = \frac{\rho_H\, V_H\, b_H}{\rho_M\, V_M\, b_M} = \varkappa \tag{6}$$

Soll also ein Modell den Vorgang seines Originals, den Hauptvorgang, beschreiben, so muß der genannte Zusammenhang bestehen.

3.1.2.3. <u>Bertrand'sche Bedingungsgleichung</u>

Die Bertrand'sche Bedingungsgleichung für das Modell

$$\varkappa = \frac{\mu\lambda}{\tau^2} \tag{7}$$

mit dem Massenmaßstab

$$\mu = \frac{m_H}{m_M} \tag{8}$$

muß erfüllt sein, wenn die Gleichung

$$F_H = \varkappa \cdot F_M = \mu \cdot m_M \cdot b_M \cdot \lambda / \tau^2 \tag{9}$$

den Hauptvorgang beschreiben soll.

3.1.3. <u>Grundübertragungsmaßstäbe eines Modells</u>

Die Grundübertragungsmaßstäbe eines Modells der vorliegenden Art für Zeit (τ), Kraft ($\varkappa$) und Masse (μ) resultieren aus dem gewählten Längenmaßstab (λ) und der geometrischen Ähnlichkeit sowie den physikalischen Gegebenheiten die u. a. in den Modellgesetzen ihren Ausdruck finden.

Ist λ wie im vorliegenden Fall gewählt, so gilt nach Abschnitt 3.1.1. für die geometrischen Abmessungen von Hauptausführung (H) und Modell (M)

$$L_H = \lambda \cdot L_M \tag{1}$$

Auf Hauptausführung und Modell wirkt die Erdbeschleunigung gleichermaßen ein, d. h. $g_H = g_M$. Damit lautet das Froud'sche Modellgesetz für den Kräftemaßstab $\varkappa$ mit Gleichung (4):

$$\varkappa = \frac{m_H}{m_M} \frac{g_H}{g_M} = \mu \frac{g_H}{g_M} \tag{4}$$

$$\varkappa = \mu \tag{10}$$

Dieser Zusammenhang ist als gegeben zu betrachten. Soll nun vollkommene dynamische Ähnlichkeit vorliegen, muß für alle Kräftearten, die auf das Modell einwirken, dieser Kräftemaßstab gelten. Das Newton'sche Modellgesetz bzw. die Bertrand'sche Bedingungsgleichung [1], die zur Bestimmung der Kräftemaßstäbe herangezogen wird, lautet mit $\frac{b_H}{b_M} = \frac{\lambda}{\tau^2}$:

$$\varkappa = \frac{m_H \; b_H}{m_M \; b_M} = \frac{m_H}{m_M} \frac{\lambda}{\tau^2} = \mu \frac{\lambda}{\tau^2} \tag{7}$$

Aus (7) und (10) folgt:

$$\varkappa = \mu \frac{\lambda}{\tau^2} = \mu \Rightarrow \lambda = \tau^2$$

und somit für den Zeitmaßstab τ:

$$\tau = \sqrt{\lambda} \tag{11}$$

Da der Massenmaßstab μ durch λ^3 festliegt ($\rho_H = \rho_M$), sind so auch der Kräftemaßstab $\varkappa$ und der Zeitmaßstab τ eindeutig bestimmt.

---

[1] Newton'sches Ähnlichkeitsgesetz und Bertrand'sche Bedingungsgleichung sind inhaltlich gleich und beziehen sich allgemein auf physikalische Kräfte

3.1.4. Übertragungsmaßstäbe der abgeleiteten Einheiten

Allgemein gilt die Übertragungsregel /1/:

> Bei physikalischer Ähnlichkeit ist das Übertragungsverhältnis für zwei entsprechende Definitionsgrößen von Hauptausführung und Modell in der gleichen Weise aus den Grundverhältnissen λ, τ, $\varkappa$, ϑ[1] zu bilden, wie die Maßeinheiten der betreffenden Größen aus m, sek, N, K gebildet sind.

Da der Längen-, Zeit- und Kräftemaßstab festliegen, s. Abschnitt 3.1.2., ergeben sich für die Übertragungsmaßstäbe der abgeleiteten Einheiten für einander entsprechende Größen folgende Beziehungen:

- Geschwindigkeiten $$\frac{v_H}{v_M} = \lambda/\tau \qquad (12)$$

- Beschleunigungen $$\frac{b_H}{b_M} = \lambda/\tau^2 \qquad (13)$$

- Winkelgeschwindigkeiten $$\frac{\omega_H}{\omega_M} = \frac{d\beta}{dt_H} \Big/ \frac{d\beta}{dt_M} = 1/\tau \qquad (14)$$

- Winkelbeschleunigungen $$\frac{\varepsilon_H}{\varepsilon_M} = \frac{1}{\tau^2} \qquad (15)$$

- Arbeiten $$\frac{A_H}{A_M} = \varkappa \cdot \lambda \qquad (16)$$

Winkel, Dehnungen, Schlupf, usw. haben als dimensionslose Zahlengrößen den Übertragungsmaßstab 1 /1/.

3.1.5. Anwendung und Grenzen der Ähnlichkeitslehre

In der Bertrand'schen Bedingungsgleichung (7) $\varkappa = \mu \cdot \lambda/\tau^2$ wird die resultierende Beschleunigungskraft zugrunde gelegt. Sie setzt sich im allgemeinen aus verschiedenen Kräften, wie irdische Schwerkraft, Flüssigkeitsreibung, Massenträgheit, elastische Kräfte, Normal- und

---

1) $\vartheta \mathrel{\hat{=}}$ Temperaturmaßstab

Tangentialkräfte starrer Körper, Kapillarkräfte, Dämpfungskräfte, usw. zusammen. Jede einzelne dieser Kräftearten muß, wenn sie am betreffenden Fall beteiligt ist, an den Massen der beiden dynamisch ähnlichen Vorgänge derart wirksam sein, daß der Kräftemaßstab jeweils erfüllt ist /4/. Im allgemeinen (so auch bei dem am IFS gebauten Modell und seinem Prüfstand) wird der Längenmaßstab gewählt. Der Massenmaßstab μ ist dann, da das Verhältnis der Rauminhalte mit $V_H/V_M = \lambda^3$ festliegt, von ρ_H und ρ_M abhängig. Damit sind in der Bertrand'schen Bedingungsgleichung nur noch $\varkappa$ und τ unbekannte Größen. Kommt eine weitere Beziehung hinzu, die eine Berechnung von $\varkappa$ nach Gleichung (2) erlaubt, so sind alle vier Maßstäbe festgelegt. Eine solche Beziehung, s. Abschnitt 3.1.3., stellt z.B. die Schwerkraft dar:

$$\varkappa_s = \frac{F_{HS}}{F_{MS}}$$

(F_{HS} und F_{MS} ≙ Schwerkräfte)

Eine weitere Beziehung, wie sie sich aus den Kräften der Reibung ergibt, kann dann schon zum Widerspruch führen, wenn gilt:

$$\varkappa_{Reib} = \frac{F_{H,Reib}}{F_{M,Reib}}$$

Folglich muß gelten /4/:

> Die noch unbekannten Maßstäbe τ und $\varkappa$ werden durch zwei unabhängige Beziehungen eindeutig bestimmt. Sie führen auf die vier Maßstäbe der Bertrand'schen Bedingungsgleichung (7). Eine weitere Möglichkeit zu ihrer Bestimmung liegt im Vergleich zweier Kräfte, die die physikalische Ursache der Massenbeschleunigungen sind. Auch hierdurch werden die vier Maßstäbe festgelegt.

Kommen weitere Beziehungen hinzu oder sind mehrere an den Vergleichsvorgängen beteiligt, so sind die in Abschnitt 3.1.5.1. bis 3.1.5.3. beschriebenen Zusammenhänge und Einschränkungen gültig.

3.1.5.1. Dynamische Ähnlichkeit

Dynamisch ähnliche Vorgänge liegen im allgemeinen nur dann vor, wenn ausschließlich eine Kräfteart maßgebenden Einfluß hat. Sind mehrere Kräftearten am Vorgang beteiligt, kann dynamische Ähnlichkeit nur vorliegen, wenn sie alle den gleichen Kräftemaßstab aufweisen.

3.1.5.2. Angenäherte dynamische Ähnlichkeit

Angenäherte dynamische Ähnlichkeit liegt vor, wenn nicht nur eine physikalische Kräfteart, sondern zwei oder mehr Kräftearten an den Vergleichsvorgängen beteiligt sind und dabei der Einfluß einer Kräfteart überwiegt. Es können dann meist die für diese Kräfteart allein gültigen Ähnlichkeitsbeziehungen im Modellversuch angewandt werden. Es ist jedoch unerläßlich,die Größe des Fehlers festzustellen oder abzuschätzen, der durch die Vernachlässigung der Nebeneinflüsse vorhanden ist.

3.1.5.3. Unvollständige dynamische Ähnlichkeit

Unvollständige dynamische Ähnlichkeit liegt vor, wenn die Bedingung geometrischer Ähnlichkeit von Hauptausführung und Modell nicht in allen Bauteilen gewährleistet ist.

3.2. Beschreibung von Originalfahrzeug, Modellfahrzeug und Modellprüfstand

3.2.1. Original- und Modellfahrzeug

Gegenstand dieser ersten Untersuchungen sind der Reisezugwagen Büm und Avümz der Deutschen Bundesbahn mit Minden Deutz Drehgestellen, Bild 3 und 4. Sie wurden ausgewählt, weil die Deutsche Bundesbahn mit ihnen Meßfahrten auch bei hohen Geschwindigkeiten durchgeführt hat /5, 6/ und es sich darüber hinaus um häufig verwendete Fahrzeuge handelt. Die Hauptdaten dieser Fahrzeuge und der nach ihrem Vorbild gebauten Modelle sind in Tabelle 1 zusammengefaßt.

Der Wagenkasten des Fahrzeugs der Hauptausführung wird beim Modell von einer Rohrrahmenkonstruktion dargestellt, Bild 1. Sie hat eine dem Wagenkasten der Hauptausführung - im Sinne der Modelltheorie - ähnliche Massenverteilung. Damit entsprechen auch die Massenträgheitsmomente und die Schwerpunktlage des Wagenkastens von Hauptausführung und Modell einander. Darüber hinaus können beim Modellwagenkasten durch Gewichte die Gesamtmasse, die Massenverteilung und damit auch die Schwerpunktlage und die Massenträgheitsmomente in weitem Rahmen verändert werden. Bei einer Wagenkastenmasse des Modells von 204 kg wird das Fahrzeug Büm simuliert. Legt man 150 kg Gewichte - entsprechend der Massenverteilung - zusätzlich auf den Rahmen auf, so wird das Fahrzeug Avümz dargestellt, s. Tabelle 1. Der Wagenkasten des Fahrzeugmodells ist mittels einer Gelenkstange vorne am Grundrahmen des Modellprüfstands angekoppelt, Bild 5; es handelt sich also um den letzten Wagen eines Zuges.

Beim Modell wurden die Drehgestelle MD 36, Bild 6, im Maßstab 1:5 vereinfacht nachgebaut, (so ist z.B. keine Bremse eingebaut). Die Massenverteilung und dadurch auch die Schwerpunktlage und die Massenträgheitsmomente sind ebenfalls, wie beim Wagenkasten, einander ähnlich.

Bei der Deutschen Bundesbahn hat sich das Verschleißprofil DBII, Bild 7, bewährt und ist heute das meistverwendete Radreifenprofil bei Reisezugwagen. So wurden auch die Räder der Modelldrehgestelle mit diesem Radreifenprofil versehen.

Allgemein läßt sich über das Fahrzeug der Hauptausführung und sein Modell sagen, daß die Abmessungen der Bauteile, Massen und der daraus abgeleiteten Größen einander ähnlich sind, siehe dazu Abschnitt 3.1.. Sie wurden bei der Konzipierung und beim Bau des Modells berücksichtigt, /2, 3/.

3.2.2. Modellprüfstand

Fahrzeuge der Hauptausführung laufen über ein ortsfestes Gleis. Zur Simulation des sich relativ zum Fahrzeug bewegenden Gleises werden beim Modellprüfstand, Bild 8 und 9, - genau wie beim Rollprüfstand des Institutes für Fördertechnik und Schienenfahrzeuge /7/ - Roll- bzw. Treibscheiben verwendet. Auf diese Treibscheiben ist das Modellfahrzeug aufgesetzt. Bei entsprechender Drehrichtung der Treibscheiben, Bild 10, werden am Radumfang Tangentialkräfte hervorgerufen, die denen eines auf dem Gleis gezogenen Originalfahrzeuges entsprechen. Die Treibscheiben sind mit dem im Maßstab 1:5 verkleinerten Schienenkopfprofil der Schiene UIC 60, Bild 11, und einer Schienenneigung 1:40 versehen. Das Profil UIC 60 ist das bei der Bundesbahn übliche Profil.

Insgesamt sind zur Zeit 8 Treibscheiben paarweise auf je einer Antriebswelle montiert. Auf dem Grundrahmen des Prüfstandes können insgesamt 6 Antriebseinheiten - also Antriebswellen - installiert werden; es können also auch 6-achsige Fahrzeuge untersucht werden. Jede Antriebswelle wird von einem Elektromotor über ein stufenlos zu stellendes Riemengetriebe angetrieben. Dabei lassen sich die Drehzahlen aller Wellen von 350 U/min bis 2700 U/min unabhängig voneinander einstellen. Von Tachogeneratoren, die direkt auf den Treibscheibenantriebswellen sitzen, werden der Drehzahl proportionale elektrische Signale erzeugt und auf dem Steuerpult entsprechend als Drehzahlen angezeigt. Zur Drehrichtungsänderung können die Elektromotoren umgeklemmt werden.

3.2.3. Mögliche Variationen der Parameter von Modell und Prüfstand

Mit dem am Institut vorhandenen Modellprüfstand wird das Laufverhalten von Schienenfahrzeugen bei hohen Geschwindigkeiten, im wesentlichen $v_H > 160$ km/h, am Modell untersucht.

Bei der Konstruktion des Prüfstandes und beim Bau des vorliegenden Fahrzeugmodells wurde darauf geachtet /2, 3/, daß die einzelnen für das Laufverhalten relevanten Parameter, wie

- Fahrgeschwindigkeit
- Belastung, Schwerpunktlage, Trägheitsmomente
- Spurspiel, Spurmaß, Spurweite
- Federung
- Dämpfung
- Radreifenprofile
- Schienenprofile
- Anzahl der Achsen
- Achsstand
- Drehgestellmittenabstand

und nicht zuletzt die Bauart des Fahrzeugs und der Drehgestelle selbst, einfach zu variieren sind. So kann dann die Änderung des Laufverhaltens in Abhängigkeit von den vorliegenden Parametern untersucht werden und Anhaltspunkte für die Konzeption und Auslegung von Schienenfahrzeugen können gewonnen werden. Es versteht sich von selbst, daß gerade am Modell und am Prüfstand solche Parametervariationen kostengünstiger durchzuführen sind als an einem Fahrzeug der Hauptausführung, z.B. einem Prototyp.

Am Modell wird die Fahrgeschwindigkeit durch die Drehzahl der Treibscheiben bestimmt. Bei einer Drehzahl von 350 U/min bis 2700 U/min und einem Radius der Treibscheiben von R_{Treib} = 270 mm, entspricht das einer Umfangsgeschwindigkeit von 30 km/h bis 230 km/h[1]. Das Modell kann also auf dem Modellprüfstand in diesem Geschwindigkeitsbereich untersucht werden.

Zur Variation der Belastung können auf den Rahmen,der den Wagenkasten simuliert,Gewichte aufgelegt werden. Schwerpunktlage, Gesamtmasse und Massenträgheitsmomente lassen sich so in weitem Rahmen verändern.

---

[1] $v_M = 230$ km/h $\hat{=}$ $v_H = 537$ km/h

Aus dem leeren, unbeladenen Wagenkasten mit m_M = 204 kg (m_H = 25,7 · 10^3 kg, entspricht Wagenkasten Büm) wird z.B. bei Auflegen von 150 kg Zusatzmasse ein Wagenkasten mit m_M = 354 kg (m_H = 443 · 10^3 kg, entspricht Wagenkasten Avümz).

Das Spurspiel ist durch Verändern der Spurweite - dem Abstand der Treibscheiben - beliebig einzustellen. (Dabei sind der Längenmaßstab und die Vorschriften der EBO /4, 8/ zu berücksichtigen).

Durch den Einbau von beliebig wählbaren Federn - z.B. Schrauben-, Blatt-, Gummi- oder Luftfedern bzw. Kombinationen dieser Federn mit linearer, degressiver oder progressiver Kennung - läßt sich die Federung des Fahrzeugs in jeder gewünschten Weise realisieren.

Zur Schwingungsdämpfung können hydraulische Dämpfer, Reibungsdämpfer, elektrodynamische Dämpfer oder beliebige Kombinationen dieser Dämpfer herangezogen werden. Auch hier sind - wie bei der Federung - linearer, progressiver und degressiver Verlauf der Kennung durch Eingriffe in das Dämpfungssystem möglich[1].

Durch Auswechseln der Treibscheiben und der Radsätze gegen entsprechend anders profilierte Bauteile lassen sich alle gewünschten Paarungen von Rad- und Schienenprofilen simulieren.

Der Prüfstand bietet außerdem die Möglichkeit, bis zu 6-achsige Fahrzeuge mit beliebigem Achsstand bzw. Abstand der Drehgestelle zu untersuchen. So kann auch das Konstruktionsprinzip des Fahrzeugs frei gewählt werden.

---

[1] Bei den derzeit verwendeten hydraulischen Schwingungsdämpfern traten Schwierigkeiten bzgl. der Dämpferkennung und der Dämpfungskräfte auf, siehe dazu Abschnitt 3.2.5.3.

3.2.4. Bestimmung der Übertragungsmaßstäbe des Modells

Mit Hilfe der Übertragungsmaßstäbe kann das Verhalten von Hauptausführung und Modell verglichen werden und Ergebnisse der Modelluntersuchungen lassen sich auf die Hauptausführung übertragen /1, 4/.

Alle Übertragungsmaßstäbe werden jetzt nach den Beziehungen und den Gesetzmäßigkeiten der weiter oben beschriebenen Ähnlichkeitstheorie und der Modellgesetze mit den entsprechenden Daten von Hauptausführung und Modell bestimmt.

3.2.4.1. Längenmaßstab

Der Längenmaßstab λ wurde gewählt und zwar so, daß für alle Abmessungen und Längen von Hauptausführung und Modell gilt:

$$L_H = 5\, L_M \qquad (1)$$

Das heißt:

$$\lambda = 5$$

3.2.4.2. Kräftemaßstab

Die Schwerkräfte werden von den Massen und der angreifenden Erdbeschleunigung bestimmt. Auf die Schwerkräfte kann nur durch die Größe der Massen Einfluß genommen werden. Der Massenmaßstab μ ist bei gleichem Werkstoff $(\rho_H = \rho_M = \rho_{Stahl})$ und geometrische Ähnlichkeit vom Längenmaßstab λ abhängig.

Es gilt $\mu = \lambda^3$

Für den Kräftemaßstab gilt dann nach Froud:

$$\varkappa = \frac{m_H}{h_g} \cdot \frac{g_H}{g_M} \qquad (4)$$

Daraus folgt für den Kräftemaßstab:

$$\varkappa = \lambda^3$$

$$\varkappa = 125$$

Dieser Kräftemaßstab gilt nicht nur für die Schwerkräfte sondern soll auch für alle anderen an den Vorgängen beteilig physikalischen Kräftearten gültig sein. Auf diesen Zusammenhang wird in Abschnitt 3.2.5. noch näher eingegangen.

3.2.4.3. Zeitmaßstab

Hauptvorgang und Modellvorgang laufen nicht "zeitgleich" ab, d.h.: Einander entsprechende Vorgänge von Hauptausführung und Modell dauern unterschiedlich lange. Der Zusammenhang zwischen den zeitlichen Abläufen von Hauptausführung und Modell wird durch den Zeitmaßstab τ beschrieben.

Aus dem Newton'schen allgemeinen Ähnlichkeitsgesetz bzw. der Bertrand'schen Bedingungsgleichung

$$\varkappa = \mu \frac{\lambda}{\tau^2} \qquad (7)$$

und $\mu = \lambda^3 = \varkappa$ folgt dann:

$$\tau^2 = \lambda$$

Somit ist

$$\tau = \sqrt{\lambda}$$

$$\tau = 2{,}236$$

3.2.4.4. Übertragungsmaßstäbe der abgeleiteten Einheiten

Aus den bekannten Grundübertragungsmaßstäben der Längen, Kräfte und Zeiten ergeben sich nun auch die Übertragungsmaßstäbe der abgeleiteten Einheiten, siehe Bild 12, für

- Geschwindigkeit : $\frac{v_H}{v_M} = \frac{\lambda}{\tau}$ $= 2{,}236$

- Beschleunigung : $\frac{b_H}{b_M} = \frac{\lambda}{\tau^2}$ $= 1$

- Winkelgeschwindigkeiten : $\frac{\omega_H}{\omega_M} = \frac{d\,\alpha_H}{dt_H} \Big/ \frac{d\,\alpha_M}{dt_M} = \frac{1}{\tau} = 0{,}447$

- Winkelbeschleunigungen : $\frac{\varepsilon_H}{\varepsilon_M} = \frac{1}{\tau^2} = 0{,}2$

- Arbeit : $\frac{A_H}{A_M} = \varkappa \cdot \lambda = 625$

- Frequenz : $\frac{f_H}{f_M} = \frac{1}{T_H} \Big/ \frac{1}{T_M} = \frac{1}{\tau} = 0{,}447$

Dimensionslose Größen haben den Übertragungsmaßstab 1.

3.2.5. Art der Ähnlichkeit der Vorgänge von Hauptausführung und Modell

Mit dem Modellprüfstand soll das dynamische Verhalten von Schienenfahrzeugen untersucht werden. Aus diesem Grund muß das dynamische Verhalten des Modells dem des Originals, der Hauptausführung, entsprechen. Hauptvorgang und Modellvorgang müssen dynamisch ähnlich sein.

Das bedeutet, s. Bild 2:

> Geometrische, kräftemäßige und zeitliche Ähnlichkeit müssen gleichzeitig vorliegen.

Die zeitliche Ähnlichkeit, s. Abschnitt 3.2.3.3., ergibt sich dabei aus den geometrischen Verhältnissen und den Beziehungen der Kräfte.

Geometrische Ähnlichkeit liegt für alle wesentlichen Bauteile vor, da der Längenmaßstab λ beim Bau des Modells eingehalten werden konnte.

Bei den die Bewegungen verursachenden und bestimmenden Kräften konnte keine vollkommene Ähnlichkeit zwischen Hauptausführung und Modell erzielt werden. Deshalb wird im folgenden, um die

Größe der Abweichungen der einzelnen Kräfteart vom Kräftemaßstab $\varkappa = 125$ zu bestimmen, für die wesentlichen Kräftearten der Übertragungsmaßstab bestimmt.

Dabei werden die Federkräfte, die Pendelkräfte der Wiegenaufhängung, die hydraulischen Dämpfungskräfte und die Kräfte im Radaufstandspunkt - wie statische y-Kräfte, Normalkräfte und Reibkräfte - betrachtet. Es wird von statischen Voraussetzungen ausgegangen. Den statischen y-Kräften, Normalkräften und Reibkräften sind die dynamischen Anteile aus den Radlastschwankungen überlagert. Ob diese dynamischen Anteile die Kräftemaßstabsbedingung erfüllen, kann erst gesagt werden, wenn die Art der Ähnlichkeit festliegt und die statischen Anteile den Kräftemaßstab erfüllen.

3.2.5.1. Kräftemaßstab der Federkräfte

Der Kräftemaßstab für die Federkräfte ist erfüllt, wenn bei einander entsprechenden Auslenkungen, bzw. Wegen, von Hauptausführung und Modell die Rückstellkräfte der beiden Ausführungen das Verhältnis $\varkappa = 125$ aufweisen. Dies bedeutet bei

$$L_H = \lambda L_M$$

für die Kräfte:

$$F_{H,Feder} = L_H \cdot c_H$$

$$F_{M,Feder} = L_M \cdot c_M$$

Somit muß gelten:

$$\varkappa_F = \frac{F_{H,Feder}}{F_{M,Feder}} = \frac{L_H \cdot c_H}{L_M \cdot c_M}$$

In das Originalfahrzeug sind Federn mit $c_H = 27{,}25$ daN/mm eingebaut. Im Modell werden Federn mit $c_M = 1{,}1$ daN/mm verwandt /2, 3/. Für den Kräftemaßstab gilt dann:

$$\varkappa_F = \frac{L_H}{L_M} \frac{27{,}25}{1{,}1} \frac{\text{daN mm}}{\text{mm daN}}$$

mit $L_H/L_M = \lambda = 5$

ergibt sich für $\varkappa_F$:

$$\varkappa_F = 5 \cdot 24{,}8$$

$$\varkappa_F = 124$$

Der tatsächliche Kräftemaßstab der Federkräfte $\varkappa_F$ weicht vom geforderten Kräftemaßstab $\varkappa$ um $\Delta\varkappa = 0{,}8$ % ab. Dieser Fehler kann ohne weiteres vernachlässigt werden. Damit stimmt auch der Kräftemaßstab der Querfederkräfte aus der Flexicoilwirkung der Federn mit dem Kräftemaßstab überein.

3.2.5.2. Kräftemaßstab der Pendelrückstellkräfte der Wiegenaufhängung

Das Wiegenpendel und die Schaken, Bild 13, sind geometrisch ähnlich im Maßstab 1:5 ausgeführt. Für den Übertragungsmaßstab der Winkel gilt $\alpha = 1$. Damit folgt für die Rückstellkräfte unmittelbar bei einer Auslenkung η' der Wiege des Modells bzw. der Hauptausführung mit $\lambda = 5$:

$$F_{H,Rück} \sim m_H \quad \text{und} \quad F_{M,Rück} \sim m_M$$

Für $\varkappa_{Rück}$ gilt dann:

$$\varkappa_{Rück} = \frac{m_H}{m_M} = \mu$$

$$\varkappa_{Rück} = 125$$

Bild 14 zeigt das Ersatzsystem dieser Wiegenaufhängung.

3.2.5.3. Kräftemaßstab der hydraulischen Dämpfungskräfte

Wie in den Bildern 15 bis 20 zu sehen ist, stimmt der prinzipielle Verlauf der Dämpferkennung von Hauptausführung und Modell nicht überein /9/. Schon aus diesem Grunde kann keine vollkommene dynamische Ähnlichkeit mehr vorliegen. Es muß hier abgeschätzt werden, wie groß die Abweichung des Kräftemaßstabes $\varkappa_{Dämpf}$ von $\varkappa$ ist.

Für die Dämpfungskräfte der hydraulischen Schwingungsdämpfer gilt:

$$F_{H,Dämpf} = \varkappa_{Dämpf} \cdot F_{M,Dämpf}$$

somit muß gelten:

$$v_H \cdot d_H(v'_H) = \varkappa_{Dämpf} \cdot v'_M \cdot d_M(v'_M)$$

Dabei ist die Dämpfungskonstante d eine Funktion der Kolbengeschwindigkeit v', es gilt:

$$d = f(v')$$

Zur Vereinfachung soll hier jedoch nicht der Kräftemaßstab über den gesamten Geschwindigkeitsbereich überprüft werden, eine niedrige, eine mittlere und eine hohe Kolbengeschwindigkeit aus dem in Frage kommenden Bereich werden ausgewählt. Sie sollen als typische Werte zur Abschätzung des Kräftemaßstabes ausreichen. Dabei sind die Kolbengeschwindigkeiten von Hauptausführung und Modell über den Geschwindigkeitsmaßstab ν verknüpft.

Folgende drei Kolbengeschwindigkeiten werden für die Abschätzung des Kräftemaßstabes zugrunde gelegt:

$$v'_{H1} = 5 \text{ cm/s}$$

$$v'_{H2} = 15 \text{ cm/s}$$

$$v'_{H3} = 25 \text{ cm/s}$$

Achs- und Wiegendämpfer des Originalfahrzeuges haben die in Bild 15 und 16 dargestellten Kennlinien. Für die Zug- und Druckphase ergeben sich die in Tabelle 2 zusammengestellten Werte für die Dämpfungskräfte $F_{H,Dämpf}$.

Der Geschwindigkeitsmaßstab, s. 3.2.3.4., ist mit $\nu = \frac{\lambda}{\tau}$ festgelegt. Mit $\nu = \sqrt{5}$ gilt dann für die entsprechenden Kolbengeschwindigkeiten der Modelldämpfer:

$$v'_H = \nu \cdot v'_M \Longrightarrow v'_M = v'_H / \nu$$

Die Kolbengeschwindigkeiten v_M des Modells sind somit:

$$v'_{M1} = 2{,}24 \text{ cm/s}$$

$$v'_{M2} = 6{,}71 \text{ cm/s}$$

$$v'_{M3} = 11{,}18 \text{ cm/s}$$

In der Tabelle 3 sind die Dämpfungskräfte für die Zug- und Druckphase der drei gewählten Geschwindigkeiten zusammengestellt. Für den Kräftemaßstab $\varkappa = \frac{F_{H,Dämpf}}{F_{M,Dämpf}}$ ergeben sich die in Tabelle 4 zusammengefaßten Werte.

Der Kräftemaßstab $\varkappa = 125$ wird von den Dämpfungskräften der hydraulischen Schwingungsdämpfer sowohl unter als auch überschritten. Keiner der eingebauten Schwingungsdämpfer kann die Forderungen der Modellgesetze voll erfüllen.

Da alle Dämpfer gemeinsam auf die Bewegungen des Modells über den ganzen Geschwindigkeitsbereich einwirken, soll hier noch ein mittlerer Kräftemaßstab $\bar{\varkappa}$ ermittelt werden. Insgesamt sind 8 Achsdämpfer und 6 Wiegendämpfer in das Fahrzeugmodell eingebaut. Für diese Dämpfer ist für 3 Geschwindigkeiten der Kräftemaßstab ermittelt worden.

Für den mittleren Kräftemaßstab $\bar{\varkappa}_{Dämpf}$ soll gelten:

$$\bar{\varkappa}_{Dämpf} = \frac{8(\varkappa'_{Achs,\ Druck} + \varkappa'_{Achs,\ Zug})}{28} + \frac{6(\varkappa'_{Wiege,\ Druck} + \varkappa'_{Wiege,\ Zug})}{28} \qquad (17)$$

Dabei ist $\varkappa'$ der jeweilige Mittelwert für die drei Kolbengeschwindigkeiten.

Der mittlere Kräftemaßstab ergibt sich somit zu:

$$\bar{\varkappa}_{Dämpf} = 142$$

Beim Vergleich dieses mittleren Kräftemaßstabes $\bar{\varkappa}_{Dämpf}$ mit dem von den Modellgesetzen geforderten ist eine Abweichung vom Sollwert von ca.

$$\Delta\varkappa = 13{,}6\ \%$$

festzustellen.

Im Modellfahrzeug werden hydraulische Schwingungsdämpfer verwandt, die bei entsprechenden Bewegungen bzw. Geschwindigkeiten Dämpfungskräfte erzeugen, die im Mittel 13.6 % zu groß sind. Dies führt selbstverständlich zu Verfälschungen der auftretenden Amplituden. Damit sind auch die Frequenzen, da es sich - wie noch gezeigt wird - um ein nichtlineares Schwingungssystem handelt, mit Fehlern behaftet.

Bei Beschaffung der Dämpfer war davon ausgegangen worden, daß diese die von den Modellgesetzen geforderten Bedingungen erfüllen würden. Daß dies nicht der Fall war, zeigte sich bei der Messung der Dämpferkennlinien /9/. So liegt z.B. die Losbrechkraft - bedingt durch die Dichtkräfte zwischen Dichtlippen und Kolbenstange einerseits und Kolben und Dämpferrohr andererseits - schon im Bereich der hydraulischen Dämpfungskräfte bei mittleren Kolbengeschwindigkeiten. Weiterhin konnte auch der geforderte degressive Verlauf der Dämpferkennung von der Lieferfirma nicht realisiert werden. Abhilfe kann hier vermutlich nur die völlige Neukonstruktion der Dämpfer bringen. Aus Kostengründen konnten jedoch bisher neue Dämpfer, z.B. auf dem elektrodynamischen Prinzip basierende Vorrichtungen, nicht gebaut werden.

3.2.5.4. Kräftemaßstab der Kräfte im Radaufstandspunkt

Das Schwingungsverhalten des gesamten Schwingungssystems Fahrzeug wird von den Kräften im Radaufstandspunkt maßgebend bestimmt. Hier sind neben den statischen y-Kräften und Normalkräften, die Reibkräfte von ausschlaggebender Bedeutung.

3.2.5.4.1. Kräftemaßstab der statischen y-Kräfte und der Normalkräfte

Statische y-Kraft und Normalkraft sind Reaktionskräfte auf die Radlast. Sie sind abhängig von den geometrischen Gegebenheiten im Radaufstandspunkt, Bild 21. Da Rad- und Schienenprofile geometrisch ähnlich verkleinert sind, ist der Kräftemaßstab $\varkappa$ bei statischer Betrachtung nur von dem Massenmaßstab μ abhängig. Die statische Radlast ist die Ursache der statischen y-Kraft und der Normalkraft im Radaufstandpunkt /29/ und genügt diesem Maßstab; damit gilt:

$$\varkappa_{stat-y} = \varkappa_{Norm} = \varkappa = 125$$

Weitet man diese Betrachtung auf den dynamischen Fall mit Radlastschwankungen beim Lauf aus, so können die Kräfte als Reaktionskräfte auf die dynamische Radlast den Kräftemaßstab nur erfüllen, wenn dynamische Ähnlichkeit vorliegt. Diese Bedingung, siehe dazu 3.1.5., ist dann erfüllt, wenn alle anderen Maßstäbe eingehalten werden. Bevor entschieden werden kann, ob dynamische Ähnlichkeit vorliegt, muß aber noch der Kräftemaßstab aus den Reibkräften im Radaufstandspunkt ermittelt werden.

3.2.5.4.2. Kräftemaßstab der Reibkräfte im Radaufstandpunkt

Es ist von besonderer Wichtigkeit, daß der Kräftemaßstab von den Reibkräften eingehalten wird, da die Reibkräfte die Bewegungen des Fahrzeugs wesentlich beeinflussen bzw. verursachen. Das Schwingungssystem Fahrzeug kann seine Energiezufuhr im Falle des Modells nur über die Treibscheiben erhalten. Die Erregungskräfte sind hier also von den Reibungsverhältnissen im Radaufstandspunkt abhängig. Wie aus Bild 10 hervorgeht, ist die Richtung der am Modellrad in Längsrichtung angreifenden Reibkraft gleich der bei der Hauptausführung.

In Querrichtung ist die Reibkraft, da sie der Bewegung entgegengesetzt gerichtet ist, von vornherein bei Hauptausführung und Modell gleichorientiert. Es müssen nun die Beträge der Reibkräfte von Hauptausführung und Modell miteinander verglichen werden.

Die zum gegenwärtigen Zeitpunkt wohl fundierteste Theorie der Kraftschlußforschung stellt, trotz mancher Unzulänglichkeiten, die Theorie von J.J. Kalker dar /10/. Kalkers Rechenergebnisse sollen deshalb hier als Basis beim Abschätzen der Reibkräfte verwendet werden.

Allgemein gilt für den Kräftemaßstab der Reibkräfte nach Gl. (2):

$$\varkappa_{Reib} = \frac{F_{H,Reib}}{F_{M,Reib}}$$

Dabei ist F_{Reib}:

$$F_{Reib} = \bar{\mu} \cdot \bar{f}_{x,\,y} \cdot F_N$$

Der Kraftschlußbeiwert $\bar{\mu}$ sei für Hauptausführung und Modell gleich; in beiden Fällen liegt die Reibpaarung Stahl/Stahl vor. Damit ist der Kräftemaßstab, bzw. die Reibkraft nur noch eine Funktion des normierten Kraftschlußbeiwertes $\bar{f}_x$, $\bar{f}_y$.

Nach Kalker /11, 12/ ist die Kraftschlußfunktion abhängig vom Gleitwinkel $\bar{\alpha}$, vom Verhältnis $\bar{a}/\bar{b}$ der Kontaktflächenhalbachse $\bar{a}$ in Rollrichtung des Rades zur Kontaktflächenhalbachse $\bar{b}$ in Querrichtung, vom normierten Schlupf $\bar{v}_K$, vom Elastizitätsmodul E, von der Poisson'schen Zahl $1/\bar{m}$ und vom Spin $\emptyset$.

Für die Kraftschlußbeiwerte in x- und y-Richtung, $\bar{f}_x$ und $\bar{f}_y$, führt Kalker folgende Normierungen durch:

$$\bar{f}_x = \frac{F_x}{\bar{\mu} \cdot F_{Norm}} \quad , \quad \bar{f}_y = \frac{F_y}{\bar{\mu} \cdot F_{Norm}} \qquad (18,\ 19)$$

Der Schlupf $\bar{v}$ wird von Kalker ebenfalls normiert:

Längsschlupf $\bar{\xi} = \frac{\bar{\nu}_x}{\bar{\mu}} \frac{\bar{\rho}}{\bar{c}}$ (20)

Querschlupf $\bar{\eta} = \frac{\bar{\nu}_y}{\bar{\mu}} \frac{\bar{\rho}}{\bar{c}}$ (21)

mit $\bar{\nu}_K = \sqrt{\bar{\xi}^2 + \bar{\eta}^2}$ (22)

Weiterhin wird zur Abschätzung des Kräftemaßstabes von folgenden Voraussetzungen ausgegangen:

- der Gleitwinkel $\bar{\alpha}$ sei 90° [1)]
- der normierte Schlupf $\bar{\nu}_K$ sei mit $\bar{\nu}_K = 0,7$ ∢ angenommen [1)]
- der Elastizitätsmodul E und die Poisson'sche Zahl $1/\bar{m}$ für Stahl sind ebenfalls für beide Ausführungen gleich
- der Spin sei klein und somit zu vernachlässigen

Das Halbachsenverhältnis $\bar{a}/\bar{b}$ wird nach der Theorie von HERTZ /13, 14/ mit Hilfe eines Fortran-Rechenprogramms /15/ errechnet, siehe Anhang. (Im Anhang sind auch die bei der Berechnung zugrundegelegten Werte wie Hauptkrümmungsradien im Radaufstandspunkt bei Radsatzmittenstellung, Radlasten und Werkstoffkonstanten angegeben).

Für das Halbachsenverhältnis $\bar{a}/\bar{b}$ der Hauptausführung (Paarung Rad/Schiene) ergibt sich der Wert:

$$(\bar{a}/\bar{b})_H = 0,55$$

Beim Modell (Paarung Rad/Treibscheibe) ergibt sich der Wert:

$$(\bar{a}/\bar{b})_M = 0,39$$

Die von Kalker errechneten Werte für die oben genannten Randbedingungen sind in Bild 22 dargestellt. Damit ergeben sich - mit den normierten Kraftschlußbeiwerten für Hauptausführung und

---

1) Dimensionslose Größen haben per Definition den Übertragungsmaßstab 1. Die Werte sind somit für Hauptausführung und Modell gleich

Modell $\bar{f}_{yH} = 0{,}51$ und $\bar{f}_{yM} = 0{,}52$ - für die Reibkräfte folgende Beziehungen, s. Gl. (17):

$$F_{H,Reib} = 0{,}51\ \bar{\mu}\ F_{H,Norm}$$

$$F_{M,Reib} = 0{,}52\ \bar{\mu}\ F_{M,Norm}$$

Die Normalkräfte im Radaufstandspunkt von Hauptausführung und Modell $F_{H,Norm}$ und $F_{M,Norm}$ genügen dem Massenmaßstab bzw. dem geforderten Kräftemaßstab $\mu = \varkappa = 125$. Somit gilt für den Kräftemaßstab der Reibkräfte $\varkappa_{Reib}$ die Gleichung (2).

$$\varkappa_{Reib} = \frac{F_{H,Reib}}{F_{M,Reib}} = \frac{0{,}51}{0{,}52}\ 125$$

Es ergibt sich $\varkappa_{Reib}$ zu:

$$\varkappa_{Reib} = 122{,}5$$

Der auftretende Fehler $\Delta\varkappa_{Reib} = 2$ % kann vernachlässigt werden.

Aus Bild 15 ist weiterhin zu sehen, daß der normierte Kraftschlußbeiwert - und damit die Reibkräfte - wesentlich vom Halbachsenverhältnis der Radaufstandsfläche abhängt. Wie weitere Berechnungen zeigten, ist aber das Halbachsenverhältnis nur geringfügig von der Radlast abhängig. Das heißt, daß ein der statischen Radlast Q überlagerter dynamischer Anteil zu kaum anderen Ergebnissen des Kräftemaßstabes der Reibkräfte führt. Dies gilt selbstverständlich nur unter der Bedingung, daß diese dynamischen Radlasten den Kräftemaßstab erfüllen - es muß bei den beiden Vergleichsvorgängen dynamische Ähnlichkeit vorliegen. Die sich so erneut stellende Frage nach der Art der Ähnlichkeit der Vergleichsvorgänge wird in 3.2.5.5. beantwortet.

3.2.5.5. <u>Vorliegende Art der Ähnlichkeit der Vergleichsvorgänge</u>

Zur Untersuchung des dynamischen Verhaltens eines Fahrzeuges mit Hilfe eines Modells müssen die dynamischen Vorgänge am Modell dynamisch ähnlich denen am Original sein. Dynamisch ähnlich heißt, vgl. 3.1.5.:

geometrische, zeitliche und Kräfteähnlichkeit liegen gleichzeitig vor.

Geometrische Ähnlichkeit liegt aufgrund der Konstruktion, wie schon gesagt, vor.

Unter der Bedingung der Kräfteähnlichkeit liegt auch zeitliche Ähnlichkeit vor, s. 3.2.3.3..

Kräfteähnlichkeit ist, wie die Abschätzungen des Kräftemaßstabes der einzelnen Kräftearten ergaben, weitgehend vorhanden. Nur die hydraulischen Dämpfungskräfte, die im Mittel um 13,6 % zu groß sind, führen zu Ergebnisabweichungen. So werden z.B. die Amplituden der Bewegungen im Mittel zu klein sein.

Legt man weiterhin den Kräftemaßstab der hydraulischen Dämpfungskräfte zur Berechnung des Zeitmaßstabes τ' zugrunde, so ergibt sich nach Gleichung (3)

$$\bar{\varkappa} = \mu \frac{\lambda}{\tau'^2} \qquad (3)$$

für $\tau' = f(\bar{\varkappa}_{Dämpf})$ der Wert

$$\tau' = 2,1$$

Der Zeitmaßstab τ' weicht von τ um $\Delta\tau \approx 6$ % ab. Diese Abweichung wird mit Sicherheit jedoch nicht erreicht, da die anderen am Vergleichsvorgang beteiligten Kräftearten den Kräftemaßstab $\varkappa = 125$ aufweisen und der "Gesamtzeitmaßstab" von allen an den Vergleichsvorgängen beteiligten Kräftearten gemeinsam bestimmt wird.

Somit wird beim Vergleich der Vorgänge von Hauptausführung und Modell kein zu großer Fehler gemacht, wenn von einem "Gesamt-" Kräfte und Zeitmaßstab

$$\varkappa = 125$$

und $\tau = 2,236$

ausgegangen wird.

Von vollkommener dynamischer Ähnlichkeit, s. 3.1.5.1., kann nicht mehr gesprochen werden. Es liegt aber mindestens angenäherte dynamische Ähnlichkeit vor, die mit obiger Fehlerabschätzung einen Vergleich des dynamischen Verhaltens des Fahrzeugs und seines Modells zuläßt.
Damit ist auch die in 3.2.5.4. gestellte Bedingung bezüglich der aus den dynamischen Radlastschwankungen resultierenden Kräfte und damit der Kräftemaßstäbe erfüllt.

Zusammenfassend läßt sich aus dem bisher Gesagten folgern, daß das Verhalten des Modellfahrzeuges mit Hilfe der Übertragungsmaßstäbe auf das Verhalten des Fahrzeuges der Hauptausführung übertragen werden kann. Das dynamische Verhalten des Modells wird durch Messungen ermittelt.

4. Konzept der Messungen

Zur vollständigen Erfassung und Beurteilung des dynamischen Verhaltens eines Schienenfahrzeuges ist es sinnvoll die Bewegungen der einzelnen Baugruppen und Bauteile in allen Freiheitsgraden zu ermitteln.

4.1. Freiheitsgrade des Fahrzeugs der Hauptausführung und des Modells

Ein Körper im Raum hat sechs Freiheitsgrade, nämlich drei translatorische und drei rotatorische, s. Bild 23. Die translatorischen Freiheitsgrade erlauben Bewegungen in Richtung der x-, y- und z-Achse und die rotatorischen Freiheitsgrade Bewegungen um die x-, y- und z-Achse. Im folgenden werden die translatorischen Bewegungen

in x-Richtung = x-Bewegung (Zucken),
in y-Richtung = y-Bewegung (Schütteln),
in z-Richtung = z-Bewegung (Tauchen),

genannt und die rotatorischen Bewegungen

um die x-Achse = φ-Bewegung (Wanken),
um die y-Achse = χ-Bewegung (Nicken),
um die z-Achse = ψ-Bewegung (Wenden)

genannt.

Das untersuchte Fahrzeug besteht aus einem Wagenkasten und zwei Drehgestellen. Der Wagenkasten ist gegenüber den Drehgestellen über die Wiegen abgefedert und kann sich bei der Hauptausführung in allen sechs Freiheitsgraden bewegen. Beim Modell ist das Zucken, also die x-Bewegung des Wagenkastenersatzsystems, durch die starre Wagenkastenkopplung an den Grundrahmen unterbunden. Der Modellwagenkasten hat damit nur fünf Freiheitsgrade (y-, z-, φ-, χ-, ψ-Bewegungen).

Die Baugruppen Drehgestelle bestehen aus einem Drehgestellrahmen, der federnd zwischen dem Wagenkasten (also der Wiege) und den Radsätzen "aufgehängt" ist,und den Radsätzen, s. Bild 24. Bewegungen in allen Freiheitsgraden sind damit für den Rahmen möglich. Die Radsätze sind an von Blattfedern gebildeten Lenkern geführt; sie können nur freie vom Drehgestellrahmen unabhängige Bewegungen in z-Richtung und um die x- und y-Achse ausführen [1]. Dabei ist die z- und φ-Bewegung der Radsätze unter der Voraussetzung des ständigen Schienenkontaktes von der Geometrie, der Δr-Funktion der Radreifen und von der y- und ψ-Bewegung des Drehgestells abhängig; sie führen somit keine freien Bewegungen aus. Insgesamt liegen also für das Fahrzeug der Hauptausführung 22 und für das Modell 21 Freiheitsgrade vor. Siehe dazu Tabelle 5 und Bild 25.

4.2. Meßaufbau zur Erfassung der Bewegungen in allen Freiheitsgraden

Da es sich beim Modellfahrzeug/Modellprüfstand um ein ortsfestes System handelt, können die absoluten Bewegungen des Fahrzeugs gemessen werden [2]. Für die 21 Freiheitsgrade des Modellfahrzeuges werden 21 Meßkanäle benötigt, die jeweils aus einem induktiven Wegaufnehmer, einem Trägerfrequenzmeßverstärker, einem Magnetbandkanal zur Aufzeichnung des Signals und einem Schreibkanal zur Hinterbandkontrolle bestehen, s. Bild 26. Von den induktiven Wegaufnehmern in Verbindung mit den Trägerfrequenzmeßverstärkern werden den Auslenkungen proportionale elektrische Signale geliefert /16, 17/, die auf Magnetband gespeichert werden. Gemessen wird, wie schon gesagt, mit induktiven Wegaufnehmern. Sie sind an einem Meßrahmen angeschraubt und der Kern der Wegaufnehmer ist, um Meßfehler zu vermeiden, über eine Verlängerung mit dem jeweiligen Bauteil des Modells verbunden. So kann z.B., wie in Bild 27 zu sehen ist, die z-Bewegung des Bauteils bei dem in y-Richtung wirksamen Wegaufnehmer kein oder nur ein sehr geringes Signal hervorrufen. Der dabei noch auftretende absolute Fehler Δy berechnet sich in diesem Fall nach

$$\Delta y = l - l \cos(\arcsin(\Delta z/l)) \qquad (23)$$

mit den in Bild 27 angegebenen Werten zu

---

1) Verwindungsbewegungen und Torsionsbewegungen sowie Verbiegungen der Bauteile werden in dieser Untersuchung nicht berücksichtigt

2) Beim Fahrzeug auf der Strecke muß mit Beschleunigungsaufnehmern gearbeitet werden, oder es werden Relativwege gemessen

$\Delta y = 0{,}025$ mm
$\Delta y = 3{,}5$ % (bei y = 7 mm)

Dieser Fehler ist ohne weiteres zu vernachlässigen.

Die rotatorischen Bewegungen werden ebenfalls mit induktiven Wegaufnehmern erfaßt. Und zwar werden bei dem gewählten Meßaufbau die Signale von zwei induktiven Wegaufnehmern benötigt, Bild 28, um eine Rotation zu erfassen. Dabei gilt dann der in Bild 29 dargelegte geometrische Zusammenhang.

Insgesamt ergibt sich so für die 21 Freiheitsgrade die in Bild 30 dargestellte Anordnung der Meßstellen von denen die Signale S_1 bis S_{21} geliefert werden.

4.2.1. Überlagerung der Bewegungen und daraus resultierende Signale

In Bild 29 ist am Beispiel der y- und ψ-Bewegung die Überlagerung dieser zwei Auslenkungen gezeigt. Hieraus wird deutlich, wie sich die einzelnen Meßsignale ergeben. Die in Tabelle 6 zusammegefaßten Gleichungen drücken die Zusammenhänge der Auslenkungen an den einzelnen Meßstellen aus, s. Bild 30. Aus diesen Gleichungen geht hervor, welche Bewegungen am Zustandekommen des jeweiligen Signals wie beteiligt sind.

Zur Beurteilung des Schwingungsverhaltens sind die überlagerten Meßsignale ungeeignet, deshalb müssen die einzelnen Bewegungen aus den Signalen S_1 bis S_{21} berechnet werden.

4.2.2. Berechnung der Bewegungen in den einzelnen Freiheitsgraden

Die Berechnung der einzelnen Bewegungen - der jeweiligen Auslenkung über der Zeit - kann mittels eines Analogrechners durchgeführt werden. Dabei werden die Signale S_1 bis S_{21} wie in Abschnitt 4.2.2.1. beschrieben miteinander verknüpft.

4.2.2.1. Analogrechnergleichungen

Am Beispiel der Überlagerung der y- und ψ-Bewegung des Drehgestellrahmens, s. 4.2.1. und Bild 29, sei hier die Berechnung am Analogrechner erklärt. An der Meßstelle S_1 und S_2 werden den Auslenkungen

$$y_1 + \psi_1 \sim S_1$$

und

$$y_1 - \psi_1 \sim S_2$$

proportionale elektrische Spannungen erzeugt. Durch die Verknüpfung von S_1 und S_2 in der folgenden Weise

$$y_1 \sim \frac{1}{2} (S_1 + S_2)$$

und

$$\psi_1 \sim \frac{1}{2a} (S_1 - S_2)$$

ergeben sich die gesuchten Schüttel- und Wendebewegungen des Drehgestells.

Entsprechend werden zur Ermittlung aller 21 Bewegungen über der Zeit die Signale miteinander verknüpft. Tabelle 7 gibt das dazu notwendige Gleichungssystem wieder, daß auf einem Analogrechner realisiert wird.

4.2.2.2. Analogrechnerschaltung, Signaleingabe, Ergebnisausgabe

Die zur Berechnung der Bewegungen über der Zeit notwendige Analogrechnerschaltung ergibt sich unmittelbar aus dem in Tabelle 7 angegebenen Gleichungssystem; sie ist in Bild 31 dargestellt. Hierbei ist prinzipiell sowohl "On-line" - als auch "Off-line" - Verarbeitung möglich. Bei einer "On-line"-Verarbeitung werden die Signale direkt vom Verstärker kommend vom Analogrechner verarbeitet, bei "Off-line"-Verarbeitung werden die Signale auf einem Magnetband zwischengespeichert und anschließend in den Analogrechner eingegeben. Die Ergebnisse werden auf einem Mehrkanalschreiber ausgegeben, der so das Bild der Bewegung über der Zeit aufzeichnet, oder sie werden wieder auf Magnetband gespeichert und stehen so z.B. für eine statistische, rechnerunterstützte Auswertung zur Verfügung.

4.3. Einschränkung der Messungen

Am Institut für Fördertechnik und Schienenfahrzeuge stehen wegen der begrenzten finanziellen Möglichkeiten nur 10 komplette Meßkanäle zur Verfügung. Aus diesem Grunde können somit bisher nur 10 Bewegungen beim Versuch meßtechnisch erfaßt werden. Die Ausweitung der Messungen auf 21 Freiheitsgrade ist daher eines der vordringlichen Ziele bei Bewilligung weiterer Mittel.

Für die im folgenden beschriebenen Messungen wurden die Bewegungen des

vorderen Drehgestellrahmens in	x-, y-, z-Richtung
und um die	x-, y-, z-Achse,

weiterhin die Bewegungen des

Wagenkastens in	y-, z-Richtung
und um die	y-, z-Achse

ausgewählt. Damit sind die Bewegungen des vorderen Drehgestellrahmens ganz erfaßt und die des Wagenkastens mit Ausnahme der Bewegung um die x-Achse, dem Wanken. Nicht erfaßt werden außerdem die χ-Bewegungen der Achsen des vorderen Drehgestells und alle Bewegungen des hinteren Drehgestells.

4.3.1. Ausgeführter Meßaufbau

Zur Erfassung der oben genannten zehn Freiheitsgrade wurde der Meßaufbau in Bild 32 meßtechnisch ausgeführt. Für die einzelnen Meßstellen S_1 bis S_{10} ergeben sich die Gleichungen aus Tabelle 8 und damit die Analogrechnergleichungen in Tabelle 9. Zu den Gleichungen aus Tabelle 9 gehört die Analogrechnerschaltung in Bild 33 und 34.

4.3.2. Berechnung der Bewegungen

Eine weitere Beschränkung zur Durchführung der Untersuchungen ist der am Institut zur Verfügung stehende in seiner Kapazität begrenzte Analogrechner. Er erlaubt nur die simultane also zeitgleiche Berechnung der Bewegungen in 5 Freiheitsgraden, wofür 10 Summierverstärker nötig sind. Weitere 5 Freiheitsgrade würden weitere 10 Verstärker erfordern, die jedoch nicht vorhanden sind. Aus diesem Grunde wird auf die Berechnung der Bewegungen des Wagenkastens verzichtet und die Meßsignale S_7, S_8, S_9 und S_{10} werden direkt als Wiegenbewegungen in y- und z-Richtung aufgefaßt und zur Untersuchung herangezogen. Die x-Bewegung des vorderen Drehgestellrahmens wird in der Mitte abgenommen, s. Bild 32; Überlagerungen aus den rotatorischen Bewegungen sind daher vernachlässigbar klein. Damit werden auf dem Analogrechner die in Bild 23 angegebenen, y-, z-, φ-, χ-, ψ-Bewegungen des Drehgestellrahmens berechnet. Die Signale der x-Bewegung des Drehgestellrahmens und der y- und z-Bewegungen der vorderen und hinteren Wiege werden direkt auf das Schreibgerät ausgegeben.

Der Signalfluß ist wie in Bild 35 dargestellt. Die Ausgabe der "Schwingungsbilder" erfolgt auf einem Mehrkanalschreiber. So stehen dann die Ergebnisse der Messungen und Berechnung zur manuellen Auswertung zur Verfügung.

4.4. Signalverarbeitung und Auswertung mit Hilfe eines Digitalrechners

Wie schon gesagt,ist die Auswertung der Messungen mit einer Rechenanlage der manuellen Auswertung vorzuziehen. Dazu bietet sich die Anwendung eines Digitalrechners an; ein analoger Rechner verbietet sich wegen des apparativen Aufwandes von selbst.

Bei Einsatz eines Digitalrechners müssen die analogen Meßsignale digitalisiert werden. Das Digitalisieren kann vor oder nach der Aufzeichnung auf ein Magnetbandgerät vorgenommen werden. Dabei muß das Digitalisiergerät die folgenden Forderungen erfüllen:

- alle Signale sind synchron zu verarbeiten
- Frequenzen bis ca. 50 Hz sollen erfaßt werden.

Aus der ersten Forderung ergibt sich die Notwendigkeit eines Multiplexbetriebes. Bei 27 Kanälen und 50 Hz Auflösung muß die Multiplexfrequenz bei 10 000 Hz liegen. Somit werden in 1 s 10 000 Daten auf Band gespeichert. Da für eine sinnvolle Analyse bis zu 10 s lang ausgewertet werden muß, sind 100 000 Daten zu verarbeiten.

Bei einer statistischen Auswertung (angestrebt ist die Autokorrelation, Kreuzkorrelation und das Spektrum) müssen alle Daten im Rechenwerk gespeichert sein oder für jede Rechenoperation neu eingelesen werden. Im ersten Fall übersteigt man die Grenzen des erlaubten Speicherplatzes in der Cyber 175 [1], im zweiten Fall das Zeitlimit.

Dies heißt also, daß die Benutzung der Cyber 175 nicht sinnvoll und nur mit Sondergenehmigung des Rechenzentrums der RWTH Aachen möglich ist.

Aus diesem Grund ist ein "On-line"-Rechner empfehlenswert, der eine spezielle Statistik-"Hardware" enthält. Es besteht leider nicht die Möglichkeit auf eine derartige evtl. an der RWTH Aachen vorhandene Anlage zurückzugreifen und die Kosten für die Beschaffung eines solchen Rechners übersteigen die derzeitigen finanziellen Möglichkeiten des Institutes bei weitem.

---

[1] Großrechenanlage am Rechenzentrum RWTH Aachen

5. Versuchsdurchführung und Auswertung

5.1. Messungen und Parametervariationen

Mit dem Meßaufbau in Bild 32 werden die Messungen durchgeführt und die Bewegungen [1] des Wagenkastens

$$y_{wk},\ z_{wk},\ \chi_{wk} \text{ und } \psi_{wk}$$

und die Bewegungen des vorderen Drehgestellrahmens

$$x_1,\ y_1,\ z_1,\ \varphi_1,\ \chi_1 \text{ und } \psi_1$$

gemessen. Dabei wird die Geschwindigkeit stufenweise variiert und nach einer Einschwingzeit des Fahrzeugs von ca. 20 s die Bewegungen des Fahrzeugmodells etwa 20 s lang unter gleichbleibenden äußeren Bedingungen aufgezeichnet. Als Parameter werden zusätzlich zur Antriebsdrehzahl - also Umfangsgeschwindigkeit der Treibscheiben und damit "Fahrgeschwindigkeit" des Modells - die Wagenkastenmasse und das Spurspiel variiert, s.Tabelle 10. Weitere Variationen, wie andere Rad- oder Treibscheibenprofile, andere Belastungszustände, Trägheitsmomente usw. wurden aus Kosten-, aber auch aus Zeitgründen, bisher nicht durchgeführt und bleiben so späteren Untersuchungen vorbehalten. Zur Untersuchung der Eignung des Modellprüfstandes für die Bestimmung des Laufverhaltens von Schienenfahrzeugen und zur Erlangung erster Ergebnisse reichen die oben genannten Parametervariationen - wie noch gezeigt wird - jedoch aus.

5.2. Auswertung der Messungen

Die von den induktiven Wegaufnehmern S_1 bis S_{10} aufgenommen mechanischen Größen werden von den Trägerfrequenzmeßverstärkern in elektrische Größen gewandelt, verstärkt und von einem Magnetbandgerät aufgezeichnet. Das aufgezeichnete elektrische Signal ist proportional der Wegauslenkung. Bei der Verarbeitung der Signale mit dem Analogrechner ist der Verstärkungsfaktor $k = 1$ eingestellt.

---

[1] Zur Indizierung siehe Bild 17

Bei der Aufzeichnung der Bewegungen über der Zeit mit dem Mehrkanalschreiber wird das elektrische Signal wieder in eine mechanische Größe zurückverwandelt. Dabei liegt auch wieder Proportionalität des elektrischen Eingangs- und des mechanischen Ausgangssignal vor. Der Einfachheit halber wird der Proportionalitätsfaktor der gesamten Meß- und Auswertungskette, Bild 35, durch Eichung bestimmt. Dazu kann das Fahrzeug in definierter Weise in einem Freiheitsgrad bewegt und das Signal nach Durchlaufen der Meß-, Auswerte- und Aufzeichnungsgeräte dieser Auslenkung zugeordnet werden [1]. Bei der vorgenommenen Eichung wurde der einfachere Weg gewählt und nicht das Modell, sondern die Wegaufnehmer um einen definierten Betrag ausgelenkt. Jeder Wegaufnehmer ist einzeln um 4 mm so ausgelenkt worden, daß die Auslenkung der Bewegung des Modellfahrzeuges im positiv definierten Sinne entspricht, s. Bild 25. Mit Hilfe einer Meßuhr ließ sich die Auslenkung von 4 mm genau einhalten, s. Bild 36. Die einzelnen Eichsignale - auf Magnetband aufgezeichnet und über den Analogrechner abgespielt - werden dann vom Mehrkanalschreiber als entsprechende Wege bzw. Auslenkungen aufgezeichnet.

Dabei ergeben sich bei der Auslenkung je eines der Wegaufnehmer "Bewegungen" in den entsprechenden Freiheitsgraden die als Maßstab zur Auswertung dienen. Der geometrisch-mathematische Zusammenhang folgt dabei unmittelbar aus Bild 29 und 30. Aus je einem Eichsignal S_i = 4 mm (mit i = 1 bis 10) resultieren nach Abspielen der Eichsignale über den Analogrechner, Ausschläge auf dem Mehrkanalschreiber die den in Tabelle 11 aufgeführten Bewegungen zuzuordnen sind. Diese Werte aus Tabelle 11 bilden zusammen mit den Auslenkungen auf den Meßschrieben den Maßstab der Auswertung der Meßschriebe bezüglich der Bewegungsamplituden [2].

Die Frequenzen der Bewegungen in den einzelnen Freiheitsgraden lassen sich, da der Mehrkanalschreiber einen exakten Sekundentakt ausgibt /19/, genau auszählen [3].

---

[1] Die Geräte arbeiten im in Frage kommenden Bereich mit vernachlässigbar kleinen Fehlern /16, 17, 18, 19/

[2] Der zur Eichung gehörende Meßschrieb befindet sich im Anhang A

[3] Einige Beispiele der Meßschriebe befinden sich im Anhang B

Alle Amplituden und Frequenzen für die einzelnen durchgeführten Parametervariationen der Meßserien, s. Tabelle 10, sind in den Tabellen 12 bis 15 zusammengefaßt.

Auf diesen Werten basieren die Diagramme der Bauteilamplituden über der Bauteilfrequenz, Bild 37 bis 50 und die der Bauteilfrequenz über der Antriebsdrehzahl bzw. Antriebsfrequenz, Bild 51 bis 64.

6. Laufverhalten von Hauptausführung und Modell

Zum Vergleich des Laufverhaltens von Hauptausführung und Modell werden für die Hauptausführung im wesentlichen auf der Strecke bzw. auf Prüfständen ermittelte Werte und solche in der Literatur aufgrund vereinfachter Berechnungen angegebene Werte herangezogen. Bei mehreren Freiheitsgraden ist die Berechnung eines Schwingungssystems sehr schwierig. Da es sich beim untersuchten Fahrzeug Büm bzw. Avümz und dem nach seinem Vorbild gebauten Modell um ein gekoppeltes System mit 22 (Modell 21) Freiheitsgraden handelt, vergl. 4.1., sollen hier nur die Zusammenhänge und Voraussetzungen der Schwingungsberechnung kurz angeschnitten werden, um das Verstehen der Schwingungsvorgänge zu erleichtern.

6.1. Grundlagen der Schwingungsberechnung

Die Schwingungserregung des gesamten Systems Fahrzeug erfolgt durch die sich ändernden Verhältnisse in den Radaufstandspunkten. Es handelt sich um ein selbsterregtes System /12/. Eine Beeinflussung der Bewegung des Drehgestells findet im wesentlichen über die Kräfte in den Radaufstandspunkten statt. Der Wagenkasten wird, abgesehen von Fliehkräften und sonstigen äußeren Kräften, über die von den Drehgestellen auf die Wiegen ausgeübten Kräfte angeregt.

6.1.1. Betrachtung der im Radaufstandspunkt wirksamen Kräfte

Im Radaufstandspunkt sind in y-Richtung Reibkräfte sowie die Querkomponenten der Radlasten bzw. der Normalkräfte und in x-Richtung Reibkräfte wirksam.

Wie (unter Außerachtlassung der Reibung) in Bild 65 zu sehen, ist der Betrag der statischen y-Kraft nicht linear abhängig von der Auslenkung. Er wächst überproportional an, da die Neigung γ im Radaufstandspunkt (bei der vorliegenden Paarung Radreifenprofil DBII und Schienenkopfprofil UIC 60, Bild 7 und 11) bei der Auslenkung des Radsatzes an einem Rad stark zunimmt und am anderen Rad abnimmt. Die statische y-Kraft ist damit im Sinne der Dynamik als eine überlineare Rückstellkraft zu betrachten. Es läßt sich dazu das Ersatzsystem in Bild 66 erstellen.

Bild 67 gibt die Verhältnisse der Kräfte im Radaufstandspunkt und deren Zusammenwirken mit den Reibkräften für den Fall des

1. in + y-Richtung gleitenden,
2. ruhenden,
3. in - x-Richtung gleitenden

Radsatzes wieder. Dabei wird die Radlast als konstant angenommen, der Längsschlupf zu Null und ein konstanter Reibwert von $\bar{\mu} = 0,25$ zugrundegelegt. Auch hierbei ergibt sich, daß der Verlauf der resultierenden y-Kraft eine überlineare Kennung aufweist und das Ersatzsystem aus Bild 66 für die auf den Radsatz einwirkenden Querkräfte prinzipiell gültig ist.

In Fahrtrichtung wirken im Radaufstandspunkt Reibkräfte, die nach der Theorie von Kalker vom Längsschlupf abhängig sind, vergl. Abschnitt 3.2.5.4.. Bei Auftreten von Längsschlupf wird dann der in Querrichtung zur Verfügung stehende ausnutzbare Anteil des Kraftschlusses gemindert und somit der relative Anteil der statischen y-Kraft an der resultierenden y-Kraft anwachsen /11/.

6.1.2. <u>Betrachtung der Kräfte zwischen Drehgestellrahmen und Wiege</u>

Betrachtet man den Wagenkasten als in Ruhe befindlich, so werden durch die Pendel- und Schakenaufhängung und die Flexicoilwirkung der Wiegenfedern bei Auslenkung des Drehgestellrahmens in y-Richtung (gilt auch für die x- und ψ-Bewegung) Rückstellkräfte wirksam. Diese sind, wie aus Bild 14 hervorgeht, bei dem möglichen Pendellängen-Auslenkungs-Verhältnis und der vorliegenden Konstruktion, Bild 13, nicht linear.

Weiterhin sind die hydraulischen Dämpfungskräfte der Wiegendämpfung in dieser Richtung wirksam. Für die auf das Drehgestell in y-Richtung wirkenden Reibkräfte, Dämpfungskräfte, statischen y-Kräfte und Rückstellkräfte aus der Pendel-Schakenaufhängung gelten folgende vereinfachten Beziehungen:

$$F_{Reib} = Q/\cos\gamma \cdot \mu \cdot (\text{sign } \dot{y}_1) \tag{24}$$

mit $\mu = f\ (a/b,\ v_K,\ \alpha,\ \emptyset)$

$$F_{stat-y} = Q \cdot \tan\gamma \cdot (-\text{sign}\,\eta) \tag{25}$$

mit $\gamma = f(\eta,\ s,\ \sigma)$

γ ist keine lineare Funktion, sondern von der nichtlinearen, nichtstetigen Änderung der Geometrie im Radaufstandspunkt abhängig, s. Bild 7.

$$F_{Dämpf} = -\dot{y} \cdot d$$

mit $d = f\ (\dot{y})$ (s. Bild 17 bis 20) (26)

für $\eta' < \eta'_1$: (s. Bild 14)

$$F_{Rück-y}{}^{1)} = \frac{1}{2} \sin(2 \arcsin(\eta'_1/(l_1 + l_2))) \cdot m_{WK} \cdot g \tag{27}$$

mit $\sin \beta_1 = \eta'_1/\ (l_1 + l_2)$

für $\eta' > \eta'_1$: (s. Bild 14)

$$F_{Rück-y}{}^{1)} = \frac{1}{2} \sin(2 \arcsin((\ '_2 - d)/l_2)) \cdot m_{WK} \cdot g \tag{28}$$

mit $\sin \beta_3 = (\eta'_2 - \bar{d})/l_2$

Damit ergibt sich die Differentialgleichung (29) der y_1-Bewegung.

$$y_1 \cdot m_{DG} = \Sigma F_{Reib} + \Sigma F_{stat-y} + F_{Dämpf} + F_{Rück} \tag{29}$$

Schon dieser vereinfachte Ansatz läßt vermuten, daß das Fahrzeug für die Freiheitsgrade der

y_1-, y_2-, y_{WK}-Bewegung

und

$_1$-, $_2$-, $_{WK}$-Bewegung

ein nichtlineares Schwingungsverhalten aufweisen wird.

---

1) ohne Berücksichtigung der Flexicoilwirkung der Wiegenfederung

6.2. Vergleich der Bauteilfrequenzen und Amplituden von Hauptausführung und Modell

Das Laufverhalten eines Fahrzeugs kann durch seine Amplitudenfrequenzgänge und dem Zusammenhang zwischen den Bauteilfrequenzen und der Antriebsfrequenz bzw. Fahrgeschwindigkeit für die jeweiligen Freiheitsgrade beschrieben werden.

Die entsprechenden Diagramme für das Modellfahrzeug sind in Bild 37 bis 64 dargestellt. Sie haben sich, wie in Abschnitt 5. ausgeführt, aus den Messungen ergeben.

Für das Fahrzeug der Hauptausführung Büm bzw. Avümz sind in der einschlägigen Literatur nur spärliche Angaben bezüglich des dynamischen Verhaltens zu finden. Die entsprechenden Werte sind in Tabelle 16 zusammengefaßt; sie beruhen zum Teil auf Strecken- oder Prüfstandsuntersuchungen oder sind die Ergebnisse vereinfachter Berechnungen.

6.2.1. Vergleich der Bauteilfrequenzen

Über die in Tabelle 16 angegebenen Frequenzen der y- und ψ-Bewegung des Drehgestelles hinaus wird im allgemeinen die Berechnung nach Klingel bzw. Heumann durchgeführt.

Bei einem zweiachsigen Drehgestell mit starrer Achsführung gilt für die Frequenz des "Sinuslaufes" /21/ $f_{y,\psi}$:

$$f_{y,\psi} = v/L' = v/2\pi \sqrt{(r \cdot s/\gamma) \cdot (a^2 + 4s^2)/(4s^2)} \qquad (30)$$

Dabei sind:

v die Geschwindigkeit,
L' Wellenlänge des Sinuslaufes,
r die Laufkreishalbmesser,
γ die Laufflächenneigung [1],
a der Achsabstand,
und s die halbe Stützweite.

[1] die Ersatzlaufflächenneigung γ_H des Verschleißprofils DBII ist vom Spurspiel σ abhängig, s. Bild 7

Mit v = 100 km/h = 28,8 m/s und den Daten und Abmessungen von Hauptausführung und Modell, s. Tabelle 1, gilt für die Frequenzen $f_{y,\psi}$:

$f_{H,\sigma=12,5} = 0,8$ Hz $\qquad f_{M,\sigma=5} = 4,0$ Hz

$f_{H,\sigma=12,5} = 1,1$ Hz $\qquad f_{M,\sigma=2,5} = 5,5$ Hz

Mit diesen Werten lassen sich die Kurven in Bild 68 zeichnen. Liest man die Frequenzen f_H und f_M für die einander nach den Modellgesetzen entsprechenden Geschwindigkeiten v_H und v_M von Hauptausführung und Modell ab,

$$f_H(v_H) = f_H(223,6 \text{ km/h}) = 2,46 \text{ Hz}$$

$$f_M(v_M) = f_M(100,0 \text{ km/h}) = 5,50 \text{ Hz}$$

so sieht man, daß der Zeitmaßstab τ , siehe Abschnitt 3.2.4.4. aus

$$\tau = f_M/f_H = \frac{5,5 \text{ Hz}}{2.46 \text{ Hz}} = 2,2$$

für diese rechnerischen Werte selbstverständlich erfüllt ist.

Beim Vergleich der in Bild 68 für die entsprechenden Spurspiele von Hauptausführung und Modell dargestellten Frequenzen mit den gemessenen Werten ist zu sehen, daß die am Modell gemessenen Werte im Mittel größer sind als die Berechnungen vermuten lassen. Darüber hinaus ist der Kurvenverlauf prinzipiell anders, s. Bild 51 bis 64.

Auch bei Sperling, der an einem Reisezugwagen gemessen hat, liegen die Werte nicht bei den nach Heumann berechneten, s. Bild 69 /22/. Er führt deshalb einen empirisch ermittelten Korrekturfaktor - oder besser von v abhängige Korrekturfunktion - η_{Sper} ein, mit dem Gleichung (30) multipliziert wird, um Anhaltswerte für die Praxis zu erhalten.

Für η_{Sper} gilt:

$$\eta_{Sper} = 1/(1 + 0{,}016\sqrt{2\gamma_H/(r\cdot s)\cdot(v-v_g)}) \qquad (31)$$

Dabei ist v_g die Grenzgeschwindigkeit, bei der die Werte aus Gleichung (30) ungefähr mit den gemessenen zusammenfallen. Sperling gibt v_g annähernd in Abhängigkeit von γ_H an, s. Tabelle 17.

Für das Modell ist es nicht sinnvoll,diese Korrekturfunktion anzuwenden; der Verlauf der Kurven der Drehgestellgrequenzen $f_{y,\psi}$ über der Fahrgeschwindigkeit ist prinzipiell anders. So treten z.B. für eine Fahrgeschwindigkeit mehrere Frequenzen auf. Dieses Verhalten ist typisch für nichtlineare, selbsterregte Schwingungssysteme /23, 24, 25/ und kann mit Heumann nicht mehr erklärt werden.

Im unteren Geschwindigkeitsbereich konnten nur wenige, schwach ausgeprägte Schwingungen beobachtet werden. Zum Vergleich des Schwingungsverhaltens reichen diese wenigen Werte nicht aus. Hier müßten spätere Untersuchungen Aufschluß bringen können. Da das Modell in erster Linie zur Untersuchung des Hochgeschwindigkeitsverhaltens herangezogen werden soll, ist dieser Effekt weiter nicht von Nachteil. Zu erklären ist er mit dem Fehlen einer stochastischen Erregung; gemessen wird auf dem Prüfstand also das reine Eigenschwingungsverhalten des Fahrzeugs /26/.

Bezüglich der Größenordnung der auftretenden Frequenzen und besonders im Bezug auf das tendentielle dynamische Verhalten, liegt jedoch eine gewisse Ähnlichkeit zwischen Hauptausführung einerseits und Modell andererseits vor. So erhöht sich bei einer Vergrößerung der Wagenkastenmasse die Frequenz der Drehgestellbewegung sowohl beim Modell als auch bei der Hauptausführung, was durch Versuche auf dem Rollprüfstand des IFS qualitativ bestätigt wird. Entsprechend findet bei einer Verkleinerung des Spurspiels eine Vergrößerung der Frequenzen statt.

Bei Betrachtung der einzelnen Bauteilfrequenzen der Baugruppen des Modells stellt man fest, daß diese in der Regel übereinstimmen, s. Tabellen 12 bis 15. Dies liegt in der Anregung des Systems durch die Schwingung der Radsätze bzw. der Drehgestelle, die als Wegerregung für das Restsystem aufgefaßt werden kann, begründet.

6.2.2. Vergleich der Amplituden, Amplitudenfrequenzgänge

In der Literatur werden Amplitudenfrequenzgänge für Schienenfahrzeuge nun sehr spärlich angegeben und dann auch nur für linearisierte Systeme. Weil linearisierte Schwinger sich jedoch völlig anders verhalten als das nichtlineare Schwingungssystem Schienenfahrzeug, soll hier auch nicht weiter auf diese "linearsierten" Kurven eingegangen werden. Sperling /22/ hat für einen mit nichtlinearen Federn ausgerüsteten Güterwagen die Vergrößerungsfunktion über der Erregerfrequenz (des "Sinuslaufes") für die Drehschwingungen aufgetragen, Bild 70. Dieses Fahrzeug ist zwar kaum mit dem hier untersuchten zu vergleichen, zeigt aber doch den zum Teil gemessenen Verlauf des Amplitudenfrequenzganges eines nichtlinearen Schwingungssystems.

Bei den am Modell gemessenen Amplituden, aufgetragen über der Bauteilfrequenz, s. Bild 37 bis 50,ergeben sich für die y_1-, ψ_1-, y_{WK}-Bewegungen die für nichtlineare Schwinger charakteristischen Verläufe.

In dieser Arbeit werden die Amplituden der Bauteilfrequenz zugeordnet, da eine "Sinuslauf"-Frequenz am Modell nicht zu beobachten ist und eine derartige Zuordnung, Bild 72, keinen Sinn ergibt - es handelt sich um ein selbsterregtes nichtlineares System.

6.3. Übertragbarkeit der Ergebnisse der Untersuchung am Modell auf das Verhalten der Hauptausführung

Wie aus Abschnitt 3.2.5. hervorgeht, liegt angenäherte dynamische Ähnlichkeit vor. Die in Abschnitt 6.2. vorgenommenen Vergleiche der Ergebnisse der Messungen am Modell mit den wenigen zur Verfügung stehenden Werten der Hauptausführungen widersprechen der Übertragbarkeit der Modelluntersuchungen bezüglich des dynamischen Verhaltens nicht. Somit kann von der Übertragbarkeit der Modelluntersuchungen ausgegangen werden.

Beim Übertragen der Ergebnisse der Amplituden ist der Längenmaßstab zu berücksichtigen und bei der Zuordnung zur Bauteilfrequenz ist der Zeitmaßstab zu berücksichtigen, s. Bild 71.

7. Kritik des vorliegenden Modells und des Modellprüfstandes sowie der Messungen und ihrer Auswertung

Das am IFS konstruierte Modell entspricht weitgehend den Modellgesetzen, s. Abschnitt 3.2.5.5.. Die Konzeption der starren Wagenkastenanlenkung an den Grundrahmen stellt eine Abweichung von der Kopplung von realen Fahrzeugen im Zugverband dar, Bild 5. Zum einen entspricht sie nicht dem Feder-Dämpfer System Zughaken-Puffer und zum anderen stellt das Modellfahrzeug den letzten Wagen eines Zuges dar. Die meisten Wagen laufen aber nicht am Ende des Zuges, sondern befinden sich zwischen zwei anderen Wagen.

Durch die beim Modellprüfstand verwendeten Treibscheiben mit ihrer hohen Fertigungsgenauigkeit erfolgt keine stochastische Anregung des Fahrzeugmodells. Es kann mit dem Modellprüfstand zur Zeit nur das Verhalten des selbsterregten Fahrzeuges untersucht werden.

Zur Messung der Bewegungen des Modells stehen 10 Kanäle zur Verfügung; zur Auswertung auf dem Analogrechner nur 5 Kanäle. Soll das Laufverhalten exakt ermittelt werden, müssen alle Freiheitsgrade des Fahrzeuges meßtechnisch erfaßt und auch ausgewertet werden, s. Abschnitt 4.2. und 4.2.2.. Dabei ist die manuelle Auswertung der vom Analogrechner gelieferten Ergebnisse, den Weg-Zeit Diagrammen der Bewegungen, zu zeitaufwendig und mit unvermeidbaren Fehlern behaftet. Hier sollte z.B. die in Abschnitt 4.4. beschriebene Vorgehensweise angestrebt werden [1].

---

[1] Diese Art der Auswertung konnte wegen der fehlender Mittel leider nicht durchgeführt werden

8. Zusammenfassung

Mit dem am Institut für Fördertechnik und Schienenfahrzeuge vorhandenen Modellprüfstand lassen sich Untersuchungen des Laufverhaltens von Schienenfahrzeugen durchführen.

Er ist besonders geeignet für hohe Geschwindigkeiten ($v_{max,M}$ = 240 km/h $\hat{=}$ $v_{max,H}$ = 540 km/h also zur Konzipierung und Vordimensionierung von Hochgeschwindigkeitsfahrzeugen; nicht zuletzt aber auch zur Klärung von Grundlagen des Fahrzeuglaufes bei hohen Geschwindigkeiten.

Eine Vorhersage des Schwingverhaltens von Hochgeschwindigkeitsfahrzeugen erscheint mit linearisierten Gleichungssystemen sehr problematisch. Die Berechnung der nichtlinearen Gleichungssysteme ist zur Zeit nocht nicht möglich, da hierzu einige grundsätzlichen theoretischen Fragen noch nicht geklärt sind /32/. Einen Ausweg bietet hier die Untersuchung an einem Modell auf dem Modellprüfstand.

9. Ausblick

Bisher wurden bei den durchgeführten Messungen einige Parametervariationsmöglichkeiten nicht berücksichtigt, z.B. die

- Federkennung
- Dämpferkennung
- Radreifenprofile
- Schienenkopfprofile
- Querkräfte aus der Gleisüberhöhung
- Bauart des Fahrzeuges
- Schwerpunktlage, Trägheitsmomente.

Der Einfluß dieser Parameter auf das Laufverhalten von Schienenfahrzeugen kann auf dem Modellprüfstand in der ganzen Breite der Variationsmöglichkeiten untersucht werden.

Die möglichen Ziele zukünftiger Untersuchungen sind in Bild 73 aufgeführt. Dabei ist besonders hervorzuheben, die Klärung der Frage der gegenseitigen Beeinflussung der Drehgestelle über die Fahrzeugbrükke, die beim Lauf des Fahrzeugmodells beobachtet werden konnte. Dieser Effekt wird im allgemeinen bei der Untersuchung des Wagenlaufs nicht berücksichtigt /30/. Um endgültige Klarheit zu schaffen, sind weitere Untersuchungen in dieser Richtung notwendig.

Weiterhin ergab sich eine recht aussichtsreich erscheinende Perspektive bezüglich der Verschiebung der Stabilitätsgrenze in Richtung höherer Geschwindigkeiten, bei der selbstverständlich auch das Verschleißverhalten des Fahrzeugs durch den ruhigen Lauf günstig beeinflußt wird. Der Effekt wurde erreicht durch eine Manipulation der Reibunngsverhältnisse in den Radaufstandspunkten.

Darüber hinaus kann der Modellprüfstand zur Untersuchung fast aller Problemstellungen der Lauftechnik von Schienenfahrzeugen eine wertvolle Hilfe sein.

10. Literaturverzeichnis

/1/	Dubbel I	Dubbels Taschenbuch für den Maschinenbau Springer-Verlag, Berlin/Heidelberg/New York 1966 S. 322-327
/2/	Cox, M.	Grundlagen und Konzept eines Modellprüfstandes unveröffentlichte Arbeit am Institut für Fördertechnik und Schienenfahrzeuge der RWTH Aachen, 1972
/3/	Cox, M.	Konstruktion eines Modellprüfstandes zur Untersuchung von Schienenfahrzeugen unveröffentlichte Arbeit am Institut für Fördertechnik und Schienenfahrzeuge der RWTH Aachen, 1973
/4/	Weber, M.	Grundlagen der Ähnlichkeitsmechanik und ihre Verwertung bei Modellversuchen Dissertation, Springer Verlag, Berlin 1919
/5/		Lauftechnische Untersuchung des MD 52 mit mechanischer und hydraulischer Drehhemmung auf der Strecke Gütersloh-Neubeckum bis v = 250 km/h Bericht der Versuchsanstalt der DB in Minden W. Aktenzeichen L1/L111 Fwpl 65103/65106, Minden 197[illegible]
/6/		Optimierung der hydraulischen Schlingerdämpfung an MD 36-Drehgestellen unter Avümz-Wagen Bericht der Versuchsanstalt der DB in Minden W. Aktenzeichen L1/L110 Fwpl 65105, Minden 1977
/7/		Untersuchung des Laufverhaltens von Fahrzeugen auf Rollscheibenprüfständen Schlußbericht des Instituts für Fördertechnik und Schienenfahrzeuge der RWTH Aachen, 1975
/8/	Deutsche Bundesbahn	Eisenbahn-Bau- und Betriebsordnung (EBO) vom Mai 1967, Ausgabe 1971
/9/	Nicolin, J.	Ermittlung von Feder- und Dämpferkennlinien unveröffentlichte Arbeit am Institut für Fördertechnik und Schienenfahrzeuge der RWTH Aachen, Oktober 1976

/10/ Krettek, O. Wo stehen wir in der Erforschung des Kraftschlusses?
Glasers Annalen 97, 1973, Nr. 1, S. 19ff.

/11/ Kalker, J.J. On the rolling contact of two elastic bodies in the presence of dry friction
Diss. Delft 1967

/12/ Nicolin, J. Grundlagen der Reibungstheorie nach Kalker, graphisch-rechnerische Interpolation seiner Berechnungen und der Einfluß des Spurspiels auf die Kraftschlußfunktion
unveröffentlichte Arbeit am Institut für Fördertechnik und Schienenfahrzeuge der RWTH Aachen, 1975

/13/ Dubbel I Dubbels Taschenbuch für den Maschinenbau
Berlin / Heidelberg / New York 1966
Springer-Verlag, 12. Auflage, S. 411

/14/ Hütte Des Ingenieurs Taschenbuch
Theoretische Grundlagen
Verlag von Wilhelm Ernst u. Sohn, Berlin 1955, 28. Auflage, S. 965

/15/ Menck, D. Fortranprogramm HERTZ
Programmbeschreibung und Programm liegem am Institut für Fördertechnik und Schienenfahrzeuge der RWTH Aachen vor

/16/ HBM Bedienungsanweisung für induktive Wegaufnehmer W10 bis W200
Firma Hottinger Baldwin Meßtechnik

/17/ Hellige Bedienung: 20600801 Vorverstärker TF
Fritz Hellige u. Co., GmbH 1973

/18/ EAI TR-20 Computer
Operator's Reference Handbook
Publ. No. D 800 2003 0t
Electronic Associates GmbH, Long Branch, New Jersey, Sep. 1964

/19/ Hellige — Bedienung-Beschreibung: 218088 Registrierteil 310 mm
Fritz Hellige u. Co., GmbH 1975

/20/ Boge GmbH — Zeichnung 4 Fwp 121.04.056.001
und 4 Fws 915.0.04.056.004
Firma Boge GmbH, Eitorf/Sieg

/21/ Kurek, E.G. — Spurführungstechnik,
Vorlesungsumdruck am Institut für Fördertechnik und Schienenfahrzeuge der RWTH Aachen

/22/ Sperling, E. — Neuere Erkenntnisse über den Lauf von Eisenbahnwagen
Archiv für Eisenbahntechnik, August 1956

/23/ Dittrich, G. — Maschinendynamik II
Vorlesungsumdruck am Institut für Getriebetechnik und Maschinendynamik der RWTH Aachen, 1974

/24/ Magnus, K. — Schwingungen
B.G. Teubner, Stuttgart 1969

/25/ Jordan, H.
Greiner, M. — Mechanische Schwingungen
Verlag W. Girardet, Essen 1952

/26/ Nöthen, J. — Der Aachener Rollprüfstand, Entwicklung und erste Ergebnisse
Glasers Annalen, Berlin, August/September 1977, Heft 8/9, S. 324ff

/27/ Mielich, A. — Bewährung und Weiterentwicklung des Drehgestells, Minden Deutz 50
Eisenbahntechnische Rundschau,
November 1956, Heft 11

/28/ Troche, G. — Lauftechnische Ergebnisse mit Drehgestellen der Bauart MD 36 und LD 70
Leichtbau der Verkehrsfahrzeuge, 1975,
19. Jahrgang, Heft 6

/29/ Nöthen, J. — ABC der Spurführung
Glasers Annalen, August/September 1957
Heft 8/9, S. 264-273

/30/ Gramatke, K.D. Über die Eignung von Rollprüfstanden zur Untersuchung des Wagenlaufs
Dissertation RWTH Aachen, 1975

/31/ Nöthen, J. Die technischen und wirtschaftlichen Voraussetzungen schnellfahrender Drehgestelle
Leichtbau der Vekehrsfahrzeuge 10, 1964, Heft 5, S. 195ff

/32/ Heinrich, W. Hennig, K. Zufallsschwingungen mechanischer Systeme
Akademischer Verlag, Berlin 1978

Tabelle 1: Daten des Originalfahrzeugs und des Modells

Hauptausführung		Modell
Büm		
Gesamtgewicht	$37{,}7 \cdot 10^3$ kg	300 kg
Wagenkasten	$25{,}7 \cdot 10^3$ kg	204 kg
Drehgestell	$6{,}0 \cdot 10^3$ kg	48 kg
Radsatz	$1{,}2 \cdot 10^3$ kg	10 kg
Avümz		
Gesamtgewicht	$56{,}3 \cdot 10^3$ kg	450 kg
Wagenkasten	$44{,}3 \cdot 10^3$ kg	354 kg
Büm, Avümz		
Rad ∅	950 mm	190 mm
DG-Achsstand	2500 mm	500 mm
DG-Abstand	19000 mm	3800 mm
Länge ü.a.	26400 mm	5230 mm
∅ Treibscheiben (Rollprüfstand /7/)	1250 mm	540 mm

Tabelle 2: Dämpfungskräfte der Zug- und Druckbewegung der Achs- und Wiegendämpfer der Hauptausführung /20/

	Achsdämpfer		Wiegendämpfer	
v_H / cm/s	Zug- / kN	Druckkraft / kN	Zug- / kN	Druckkraft / kN
5,0	2,0	1,0	2,7	2,7
15,0	4,9	2,6	6,7	6,7
25,0	6,8	3,5	9,2	9,2

Tabelle 3: Dämpfungskräfte der Zug- und Druckbewegung der Achs- und Wiegendämpfer der Modellausführung /9/

	Achsdämpfer		Wiegendämpfer	
v_M / cm/s	Zug- / kN	Druckkraft / kN	Zug- / kN	Druckkraft / kN
2,24	12,5	29,5	25,0	31,5
6,71	17,0	46,8	27,0	47,0
11,18	37,0	-	39,5	60,0

Tabelle 4: Kräftemaßstäbe der Dämpfungskräfte für Zug und Druckkräfte bei drei Geschwindigkeiten

	Achsdämpfer		Wiegendämpfer	
	Zug	Druck	Zug	Druck
$X(v_1)$	160	33,9	108	86,7
$X(v_2)$	288	55,6	248	142,5
$X(v_3)$	183	-	235	153,3

Tabelle 5: Freiheitsgrade des Original- und des Modellfahrzeuges

Bauteil	n-Freiheitsgrade		Translation in -Richtung		Rotation um -Achse	
	Original	Modell	Original	Modell	Original	Modell
Wagenk.	6	5	x,y,z	y,z	x,y,z	x,y,z
Drehgestelle						
-Achsen	4	4	-	-	y	y
-Rahmen	2x6	2x6	x,y,z	x,y,z	x,y,z	x,y,z
Σn =	22	21				

Tabelle 6: Signale S_1 bis S_{21} aus den überlagerten Bewegungen, s. Bild 30

$$S_1 \sim y_1 + a\psi_1$$
$$S_2 \sim y_1 - a\psi_1$$
$$S_3 \sim x_1$$
$$S_4 \sim z_1 - b\varphi_1 - a\chi_1$$
$$S_5 \sim z_1 - b\varphi_1 + a\chi_1$$
$$S_6 \sim z_1 + b\varphi_1 + a\chi_1$$
$$S_7 \sim \chi_{1.2.}$$
$$S_8 \sim \chi_{1.1.}$$
$$S_9 \sim y_{WK} - a_{WK}\psi_{WK}$$
$$S_{10} \sim z_{WK} - a_{WK}\chi_{WK} - b_{WK}\varphi_{WK}$$
$$S_{11} \sim z_{WK} - a_{WK}\chi_{WK} + b_{WK}\varphi_{WK}$$
$$S_{12} \sim y_2 + a\psi_2$$
$$S_{13} \sim y_2 - a\psi_2$$
$$S_{14} \sim x_2$$
$$S_{15} \sim z_2 - b\varphi_2 - a\chi_2$$
$$S_{16} \sim z_2 - b\varphi_2 + a\chi_2$$
$$S_{17} \sim z_2 + b\varphi_2 + a\chi_2$$
$$S_{18} \sim y_{WK} + a_{WK} \cdot \psi_{WK}$$
$$S_{19} \sim z_{WK} + a_{WK} \cdot \chi_{WK} - b_{WK}\varphi_{WK}$$
$$S_{20} \sim \chi_{2.2.}$$
$$S_{21} \sim \chi_{2.1.}$$

Tabelle 7: Beziehungen zur Ermittlung der Bewegungen in den 21 Freiheitsgraden auf dem Analogrechner

$$y_1 \sim \frac{1}{2}(s_1 + s_2)$$
$$\psi_1 \sim \frac{1}{2a}(s_1 - s_2)$$
$$x_1 \sim s_3$$
$$z_1 \sim \frac{1}{2}(s_4 + s_6)$$
$$\chi_1 \sim \frac{1}{2a}(s_5 - s_4)$$
$$\varphi_1 \sim \frac{1}{2b}(s_6 - s_5)$$

$$\chi_{1.2} \sim s_7$$
$$\chi_{1.1} \sim s_8$$
$$y_{WK} \sim \frac{1}{2}(s_9 + s_{18})$$
$$\psi_{WK} \sim \frac{1}{2a_{WK}}(s_{18} - s_9)$$
$$z_{WK} \sim \frac{1}{2}(s_{11} + s_{19})$$
$$\varphi_{WK} \sim \frac{1}{2b_{WK}}(s_{11} - s_{10})$$
$$\chi_{WK} \sim \frac{1}{2a_{WK}}(s_{19} - s_{10})$$

$$y_2 \sim \frac{1}{2}(s_{12} + s_{13})$$
$$\psi_2 \sim \frac{1}{2a}(s_{12} - s_{13})$$
$$x_2 \sim s_{14}$$
$$z_2 \sim \frac{1}{2}(s_{15} + s_{17})$$
$$\varphi_2 \sim \frac{1}{2b}(s_{17} - s_{16})$$
$$\chi_2 \sim \frac{1}{2a}(s_{16} - s_{15})$$

$$\chi_{2.2} \sim s_{20}$$
$$\chi_{2.1} \sim s_{21}$$

Tabelle 8: Signale S_1 bis S_{10} aus den Bewegungen in den meßtechnisch erfaßten Freiheitsgraden

$$S_1 \sim y_1 + a\,\psi_1$$

$$S_2 \sim y_1 - a\,\psi_1$$

$$S_3 \sim z_1 - b\psi_1 - a\chi_1$$

$$S_5 \sim z_1 - b\psi_1 + a\chi_1$$

$$S_6 \sim z_1 + b\psi_1 + a\chi_1$$

$$S_7 \sim y_{WK} + a_{WK}\psi_{WK} = y_{Wiege,\ vorn}$$

$$S_8 \sim z_{WK} - a_{WK}\chi_{WK} = z_{Wiege,\ vorn}$$

$$S_9 \sim y_{WK} - a_{WK}\psi_{WK} = y_{Wiege,\ hinten}$$

$$S_{10} \sim z_{WK} + a_{WK}\chi_{WK} = z_{Wiege,\ hinten}$$

Tabelle 9 : Beziehungen zur Ermittlung der Bewegungen in den 10 meßtechnisch erfaßten Freiheitsgraden auf dem Analogrechner

$$y_1 \sim \frac{1}{2}(s_1 + s_2)$$

$$\psi_1 \sim \frac{1}{2a}(s_1 - s_2)$$

$$x_1 \sim s_3$$

$$z_1 \sim \frac{1}{2}(s_4 + s_6)$$

$$\varphi_1 \sim \frac{1}{2b}(s_6 - s_5)$$

$$\chi_1 \sim \frac{1}{2a}(s_5 - s_4)$$

$$y_{Wv} \sim s_7$$

$$z_{Wv} \sim s_8$$

$$y_{Wh} \sim s_9$$

$$z_{Wh} \sim s_{10}$$

Tabelle 10 : Parametervariationen durchgeführter Messungen

Meßserie	Wagenkastenmasse M	Spurspiel
1	204 kg (Büm)	5,0 mm
2	354 kg (Avümz)	5,0 mm
3	204 kg (Büm)	2,5 mm
4	354 kg (Avümz)	2,5 mm

Tabelle 11 : Auswertung der Eichsignale, S_1 (4 mm) bis S_{10} (4 mm)

S_1 (4 mm)	$\longrightarrow$	y_1	$= + 2$ mm
		ψ_1	$= + 0{,}008$
			$= + 0{,}5^\circ$
S_2 (4 mm)	$\longrightarrow$	y_1	$= + 2$ mm
		ψ_1	$= - 0{,}008$
			$= - 0{,}5^\circ$
S_3 (4 mm)	$\longrightarrow$	x_1	$= + 4$ mm
S_4 (4 mm)	$\longrightarrow$	z_1	$= + 2$ mm
		χ_1	$= 0{,}008$
			$= 0{,}5^\circ$
S_5 (4 mm)	$\longrightarrow$	φ_1	$= 0{,}01$
			$= 0{,}6^\circ$
		χ_1	$= - 0{,}008$
			$= - 0{,}5^\circ$
S_6 (4 mm)	$\longrightarrow$	z_1	$= 2$ mm
		φ_1	$= - 0{,}01$
			$= - 0{,}6^\circ$
S_7 (4 mm)	$\longrightarrow$	y_{Wv}	$= + 4$ mm
S_8 (4 mm)	$\longrightarrow$	z_{Wv}	$= + 4$ mm
S_9 (4 mm)	$\longrightarrow$	y_{Wh}	$= + 4$ mm
S_{10} (4 mm)	$\longrightarrow$	z_{Wh}	$= + 4$ mm

Tabelle 12: Ergebnisse der Messungen am Modell mit $\sigma = 5$ mm
Modell entspricht Büm

n_{antr} [min^{-1}]	f_{antr} [Hz]	f_{y1} [Hz]	y_1 [mm]	f_1 [mm]	ψ_1 [∢°]	f_{x1} [Hz]	x_1 [mm]	f_{ywv} [Hz]	y_{wv} [mm]	f_{zwv} [Hz]	z_{wv} [mm]	f_{ywh} [Hz]	y_{wh} [mm]	f_{zwh} [Hz]	z_{wh} [mm]
1400	23,3	5,0	0,3	5,0	0,15	-	0	5,0	1,0	5,0	0,5	4,85	2,0	5,0	0,5
1600	26,7	-	0	-	0	-	0	5,9	0,2	-	0	6,0	0,2	-	0
1620	27,0	5,83	0,1	-	0	5,83	0,1	5,8	0,3	5,75	0,2	5,83	1,8	5,83	0,1
1650	27,5	5,75	0,1	5,75	0,05	5,92	0,1	5,86	0,5	5,86	0,3	6,0	2,0	-	0
1700	38,3	5,7	1,0 1,9	5,7	0,2 0,3	-	0	5,75	1,5 3,0	5,75	0,2 0,6	5,3	0,5 3,0	5,8	1,0
1750	29,2	6,25	1,5 2,2	7,0	0,48 0,57	-	0	6,1	1,1 3,0	6,5	0,5	5,9	3,0	5,8	1,0
1800	30,0	5,8	1,0	-	0	5,8	0,1	5,5	0,75	5,5	0,5	5,75	0,5	5,75	1,0
1800	30,0	6,67	1,0	6,67	0,55	6,3	0,75	6,5	3,1	-	0	7,0	3,5	7,0	1,0
1900	31,7	7,0	2,5	7,0	0,5	-	0	7,0	3,5	-	0	7,0	0 3,5	7,0	1,1
1950	32,5	7,2	2,6	7,2	0,6	6,6	1,0	7,2	3,25	-	0	6,8	3,5	6,8	1,2
2000	33,3	7,0	2,5	7,0	0,5	7,3	1,0	7,0	3,4	7,0	0,5	7,0	3,5	7,0	1,25
2100	35,0	7,25	2,0 2,5	7,25	0,5 0,63	7,5	0,2 1,1	7,13	3,5	-	0	7,3	3,0	7,3	0,5
2250	37,5	7,5	2,5	7,5	0,5	7,5	0,5	7,45	2,5	-	0	7,5	2,5	8,0	0,6

Tabelle 12

n_{antr} [min^{-1}]	f_{antr} [Hz]	f_{y1} [Hz]	y_1 [mm]	f_1 [mm]	ψ_1 [∢°]	f_{x1} [Hz]	x_1 [mm]	f_{ywv} [Hz]	y_{wv} [mm]	f_{zwv} [Hz]	z_{wv} [mm]	f_{ywh} [Hz]	y_{wh} [mm]	f_{zwh} [Hz]	z_{wh} [mm]
2250	37,5	7,5	2,5	7,5	0,63	7,3	1,5	7,4	3,4	-	0	7,4	3,5	7,15	0,6
2450	40,8	7,5	2,7	7,5	0,63	7,5	1,5	7,55	3,5	-	0	7,5	3,5	7,5	0,6
2200	36,7	7,43	2,75	7,4	0,6	7,43	0,75	7,4	3,0	7,4	0,01	7,4	3,0	7,4	0,5
2100	35,0	-7,25	2,0 2,5	7,25	0,5 0,6	7,25	0,2 1,5	7,25	1,1 3,4	-	0	7,25	3,5	7,15	0,6
1930	32,2	7,1	2,0 2,5	7,25	0,6	7,15	1,0	7,0	3,0	-	0	7,0	3,0	7,0	1,0
1930	32,2	7,1	2,5	7,25	0,6	7,25	1,0	7,25	3,0	-		7,25	3,2	7,25	1,1
1700	28,3	5,1	1,6	5,1	0,25	-	0	5,1	3,0	-	0	5,65	1,0 3,5	5,65	1,0
1650	27,5	5,0	2,0	5,0	0,3	-	0	5,0	3,0	-	0	4,85	3,0	5,0	0,5
1400	23,3	5,0	0,3	5,0	0,15	-	0	5,0	1,0	5,0	0,5	4,85	2,0	5,0	0,5

Tabelle 13: Ergebnisse der Messungen am Modell mit $\sigma = 5$ mm
Modell entspricht Avümz

n_{antr} [min^{-1}]	f_{antr} [Hz]	f_{y1} [Hz]	y_1 [mm]	f_1 [mm]	ψ_1 [∢°]	f_{x1} [Hz]	x_1 [mm]	f_{ywv} [Hz]	y_{wv} [mm]	f_{zwv} [Hz]	z_{wv} [mm]	f_{ywh} [Hz]	y_{wh} [mm]	f_{zwh} [Hz]	z_{wh} [mm]
1100	18,3	-	0	-	0	-	0	4,1	0,25	-	0	4,1	0,25	-	0
1500	25,0	-	0	-	0	-	0	4,25	0,01	-	0	4,25	0,01	-	0
2000	33,3	-	0	-	0	-	0	-	0	-	0	-	0	-	0
2200	36,7	-	0	-	0	-	0	-	0	-	0	-	0	-	0
2300	38,3	9,0	0,01	9,0	0,01	9,0	0,01	9,0	0,01	9,0	0,01	9,0	0,01	9,25	0,01
2400	40,0	10,7	0,05	10,7	0,03	10,7	0,05	10,6	0,05	-	0	10,6	0,05	10,6	0,05
2550	42,5	10,0	0,75	10,0	0,12	-	0	10,0	1,0	-	0	10,0	1,75	10,0	0,75
2560	42,7	10,75	1,0	10,75	0,12	11,0	0,25	10,5	2,0	-	0	10,5	2,0	10,75	0,5
2600	43,3	10,75	1,0	10,75	0,2	10,75	0,2	10,75	2,0	-	0	10,7	2,0	-	0
2600	43,3	11,5	1,0	11,5	0,6	11,5	0,5	11,5	2,5	-	0	10,5	2,75	10,5	1,0
2600	43,3	11,1	1,0	11,1	0,6	11,1	0,2	11,1	2,5	11,1	0,7	10,5	2,0	10,4	1,1
2620	43,7	12,0	2,2	12,0	0,65	12,0	1,0	12,0	2,5	11,5	0,8	12,0	2,5	12,0	0,75
2620	43,7	13,0	2,5	13,0	0,25 0,65	-	0	13,0	0 3,0	-	0	13,5	1,25 2,5	12,00	0,70

Tabelle 13

n_{antr} [min^{-1}]	f_{antr} [Hz]	f_{y1} [Hz]	y_1 [mm]	f_1 [mm]	ψ_1 [∢°]	f_{x1} [Hz]	x_1 [mm]	f_{ywv} [Hz]	y_{wv} [mm]	f_{zwv} [Hz]	z_{wv} [mm]	f_{ywh} [Hz]	y_{wh} [mm]	f_{zwh} [Hz]	z_{wh} [mm]
2620	43,7	11,0	1,0 1,5	10,5	0,15 0,25	10,5	0,2	10,75	2,0	10,75	0,2	10,75	2,0	10,75	0,75
2620	43,7	10,75	1,0	11,0	0,5	11,0	0,25	11,2	2,5	-	0	10,8	2,0	11,0	1,0
2620	43,7	13,0	2,5	13,0	0,25 0,6	-	0	13,0	0,5 3,0	13,0	0,5	13,0	3,5	13,0	0,5
2650	44,2	12,0	2,5	12,0	0,65	12,0	0,5 2,0	12,0	2,0 3,0	6	0,2	12,0	2,75	12,0	0,7
2660	44,3	12,0	2,5	12,0	0,6	12,0	0,5 2,0	12,0	2,0 3,0	12,0	1,0	12,0	2,75	12,0	0,7
2700	45,0	12,0	2,5	12,0	0,63	12,0	2,0	12,0	3,0	12,0	1,0	12,0	3,0	12,0	0,7
2300	38,3	9,0	0,5	9,0	0,1	8,0	0,25	8,0	0,5	8,0	0,3	8,0	1,0	8,0	0,1
2500	41,7	11,0	0,75	11,0	0,1	-	0	11,0	1,5	-	0	11,0	2,0	11,0	0,75
2600	43,3	11,75	2,0	11,75	0,6	11,75	0,6	11,75	2,6	-	0	11,75	2,5	11,75	0,7

Tabelle 14: Ergebnisse der Messungen am Modell mit $\sigma = 2{,}5$ mm
Modell entspricht Büm

n_{antr} [min^{-1}]	f_{antr} [Hz]	f_{y1} [Hz]	y_1 [mm]	f_1 [mm]	ψ_1 [∢°]	f_{x1} [Hz]	x_1 [mm]	f_{ywv} [Hz]	y_{wv} [mm]	f_{zwv} [Hz]	z_{wv} [mm]	f_{ywh} [Hz]	y_{wh} [mm]	f_{zwh} [Hz]	z_{wh} [mm]
1300	21,7	12,5	0,3	12,7	0,1	-	0	12,7	0,4	-	0	7,3	0	-	0
1400	23,3	12,5	0,5	12,5	1,2	-	0	12,7	0,5	-	0	-	0	-	0
1500	25,0	12,5	0,2	12,5	0,12	-	0	12,5	0,35	-	0	0	0,2	-	0
1600	26,7	12,75	0,5	12,75	0,1	13,0	0,1	12,75	0,5	-	0	7,75	1,0	7,42	0
1700	28,3	13,25	0,5	12,75	0,13	12,75	0	12,75	0	-	0	7,3	1,0	7,44	0,2
1800	30,0	12,5	0,5	12,75	0,13	12,5	0	11,25	1,0	-	0	7,56	1,5	7,5	0,2
1900	31,7	12,5	0,5	12,25	0,25	10,0	0,5	8,5	1,0	-	0	9,0	1,0	9,0	0
2000	33,3	12,0	0,6	12,0	0,25	11,0	0,5	10,5	1,5	-	0	9,0	1,5	-	0
2100	35,0	11,43	1,0	11,5	0,37	11,5	0,5	10,0	1,5	-	0	9,6	1,5	-	0
2200	36,7	12,0	1,0	11,75	0,38	-	0	12,0	1,5	-	0	11,0	1,5	-	0
2300	38,3	12,0	1,0	12,0	0,38	12,0	0,5	10,1	1,5	10,0	0,1	9,75	1,5	-	0
2400	40,0	12,0	1,0	11,7	0,38	12,0	0,5	10,0	1,5	-	0	10,0	1,5	-	0
2500	41,7	11,6	1,0	11,75	0,38	11,75	0,5	10,25	1,5	11,0	0	10,0	1,25	-	0

Tabelle 14

n_{antr} [min^{-1}]	f_{antr} [Hz]	f_{y1} [Hz]	y_1 [mm]	f_1 [mm]	ψ_1 [∢°]	f_{x1} [Hz]	x_1 [mm]	f_{ywv} [Hz]	y_{wv} [mm]	f_{zwv} [Hz]	z_{wv} [mm]	f_{ywh} [Hz]	y_{wh} [mm]	f_{zwh} [Hz]	z_{wh} [mm]
2600	43,3	11,9	1,1	11,65	0,4	12,0	0,5	10,25	1,5	-	0	10,25	1,5	-	0
2700	45,0	12,0	1,2	12,0	0,5	12,0	0,5	10,8	1,75	-	0	10,8	1,4	-	0
2700	45,0	11,25	1,0	11,25	0,25	11,25	0,5	11,25	3,25	-	0,5	11,0	1,5	-	0
2600	43,3	11,25	1,0	11,4	0,5	12,0	0,5	10,5	1,0	-	0	10,7	1,5	-	0
2400	40,0	12,0	1,0	11,7	0,375	-	0,5	10,4	1,0	10,5	0	10,1	1,5	-	0
2300	38,3	11,8	1,0	11,6	0,375	-	0,5	10,0	1,5	10,0	0	10,0	1,5	-	0
2200	36,7	11,8	1,0	12,0	0,4	12,0	0,5	10,0	1,5	10,0	0	9,3	1,5	-	0
2100	35,0	11,5	1,0	11,5	0,375	11,5	0,6	9,5	1,25	-	0	9,0	1,3	-	0
2000	33,3	12,0	1,5	11,0	0,37	9,0	0,75	8,8	1,5	-	0	8,9	1,0	-	0
1900	31,7	11,8	1,0	8,75	0,25	8,75	0,6	8,75	1,5	-	0	8,75	1,0	-	0
1800	30,0	12,5	1,0	12,5	0,25	-	0,5	15,6	1,0	-	0	7,5	1,0	-	0
1750	29,2	12,5	0,6	12,8	0,11	-	0	12,5	0,6	-	0	7,25	1,0	-	0
2650	44,2	11,5	1,0	11,3	0,25	11,6	0,5	11,0	3,25	10,0	0,5	10,5	1,5	10,5	0,5

Tabelle 15: Ergebnisse der Messungen am Modell mit σ = 2,5 mm
Modell entspricht Avümz

n_{antr} [min^{-1}]	f_{antr} [Hz]	f_{y1} [Hz]	y_1 [mm]	f_1 [mm]	ψ_1 [∢°]	f_{x1} [Hz]	x_1 [mm]	f_{ywv} [Hz]	y_{wv} [mm]	f_{zwv} [Hz]	z_{wv} [mm]	f_{ywh} [Hz]	y_{wh} [mm]	f_{zwh} [Hz]	z_{wh} [mm]
1600	26,7	17,0	0,5	17,0	0,2	17,2	0,5	17,0	0,7	-	0	-	0	8,2	0,1
1700	28,3	17,0	0,5	17,0	0,22	17,0	1,2	17,0	0,75	-	0	-	0	8,7	0,3
1800	30,0	16,5	0,6	16,5	0,25	16,5	1,2	16,5	1,1	-	0	11,3	1,1	8,2	0,4
1900	31,7	16,5	0,8	16,5	0,3	16,5	2,0	16,5	1,5	-	0	11,5	1,2	-	0
2100	35,0	16,0	1,1	16,0	0,35	16,0	1,5	16,0	2,1	-	0	12,0	1,0	-	0
2200	36,7	16,0	1,0	16,0	0,35	16,0	1,5	16,0	2,1	-	0	12,0	1,6	-	0
2300	38,3	17,5	1,5	17,0	0,63	8,5	1,5	17,5	1,5	-	0	13,0	1,0	-	0
2400	40,0	17,2	1,5	17,5	0,65	-	0	16,0	2,25	-	0	13,5	1,4	-	0
2400	40,0	17,2	1,1	17,5	0,2	9	1,5	17,5	0,5	8,7	0,1	13,5	1,3	13,5	0,2
2450	40,8	17,5	1,6	17,5	0,65	9	2,0	14,4	2,5	-	1,0	13,5	1,0	14	0,5
2500	41,7	17,8	1,5	17,8	0,63	5,3	1,5	14,0	2,2	4,2	1,4	13,3	1,0	-	0
2600	43,3	17,7	1,25	17,7	0,63	5,5	2,0	14,5	2,0	3,4	0,75	14,3	1,25	-	0
2650	44,2	17,9	1,5	18,0	0,65	5,8	2,0	14,5	2,2	5,0	1,0	14,5	1,5	-	0

Tabelle 15

n_{antr} [min^{-1}]	f_{antr} [Hz]	f_{y1} [Hz]	y_1 [mm]	f_1 [mm]	ψ_1 [$\sphericalangle^o$]	f_{x1} [Hz]	x_1 [mm]	f_{ywv} [Hz]	y_{wv} [mm]	f_{zwv} [Hz]	z_{wv} [mm]	f_{ywh} [Hz]	y_{wh} [mm]	f_{zwh} [Hz]	z_{wh} [mm]
2650	44,2	17,5	1,5	17,6	0,65	5,0	2,0	14,5	2,2	3,8	1,0	14,3	1,5	-	0
2500	41,7	17,0	1,1	17,0	0,52	17,0	0,7	14,3	1,9	-	0	13,5	2,0	-	0
2500	41,7	14,5	1,2	14,4	0,38	14,5	1,0	14,0	2,1	-	0	13,7	2,1	14,0	0,2
2400	40,0	14,2	1,4	14,2	0,35	14,2	1,1	14,2	2,5	-	0	13,3	2,5	13,3	0,3
2400	40,0	14,5	1,2	14,5	0,4	14,5	1,0	14,5	2,0	-	0	14,2	1,0	14,5	0,1
2400	40,0	16,75	1,0	17,0	0,5	8,5	1,5	16,0	2,0	-	0	13,5	1,25	13,6	0,4
2450	40,8	17,5	1,6	17,5	0,65	9	2,0	14,4	2,5	-	0	13,5	1,0	14,0	0,5
2300	38,3	17,5	1,5	17,0	0,63	8,5	1,5	17,5	1,5	-	0	13,0	1,0	-	0
2100	35,0	17,5	0,1	17,5	0,2	11,5	0,75	17,0	1,5	6,0	0,5	11,7	1,0	-	0

Tabelle 16: Gemessene Frequenzen (in Hz) der Reisezugwagen Büm und Avümz /5, 6, 22, 27, 28/

	f_{y1}	f_{x1}	f_{z1}	$f_{\varphi 1}$	$f_{\chi 1}$	$f_{\psi 1}$	f_{yWK}	f_{zWK}	$f_{\psi WK}$	$f_{\chi WK}$	$f_{\varphi WK}$
Büm	6,5 (bei 200 km/h) 3,0 1,4-1,9	5,6	—	—	—	3,0 1,4-1,9	1,4 0,65	1,5	1,4	1,5	—
Avümz	6,9 7,3	—	—	—	—	—	—	1,3	—	1,3	—

Tabelle 17: Grenzgeschwindigkeiten v_g zur Korrektur der Funktion von Heumann in Abhängigkeit von γ_H /22/

γ_H	1:40	11:20	1:10	1:7
v_g [km/h]	80	65	55	50

Bild 1: Reisezugwagenmodell auf dem Modellprüfstand

Kinematische Ähnlichkeit

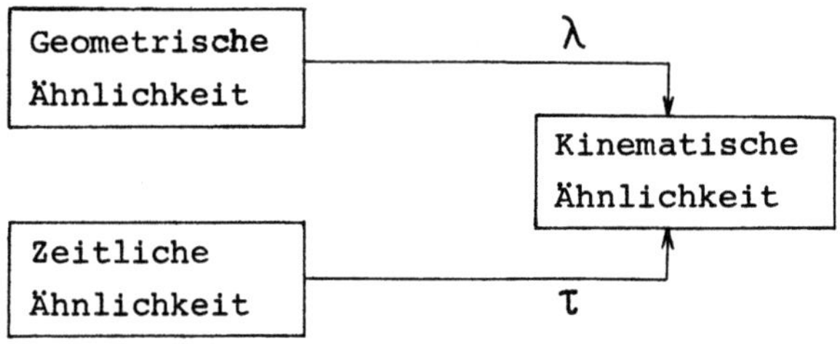

Statische Ähnlichkeit

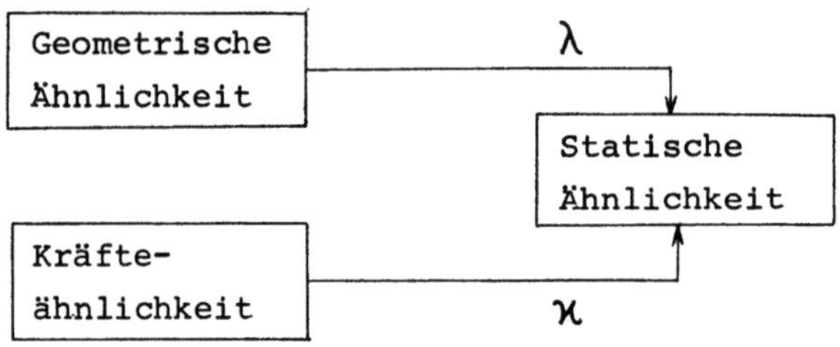

Dynamische Ähnlichkeit

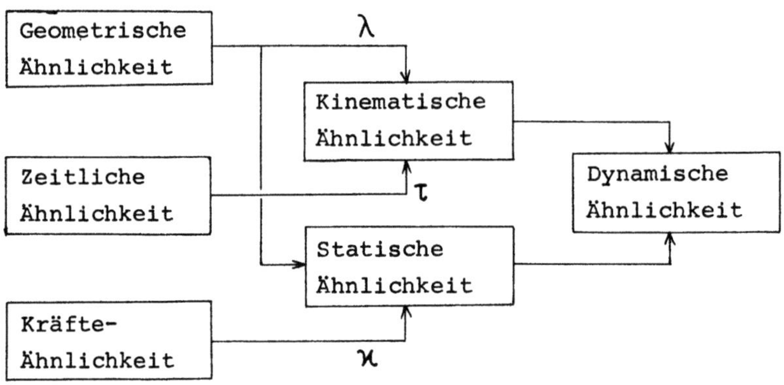

Bild 2: Statische-, Kinematische- und Dynamische Ähnlichkeit

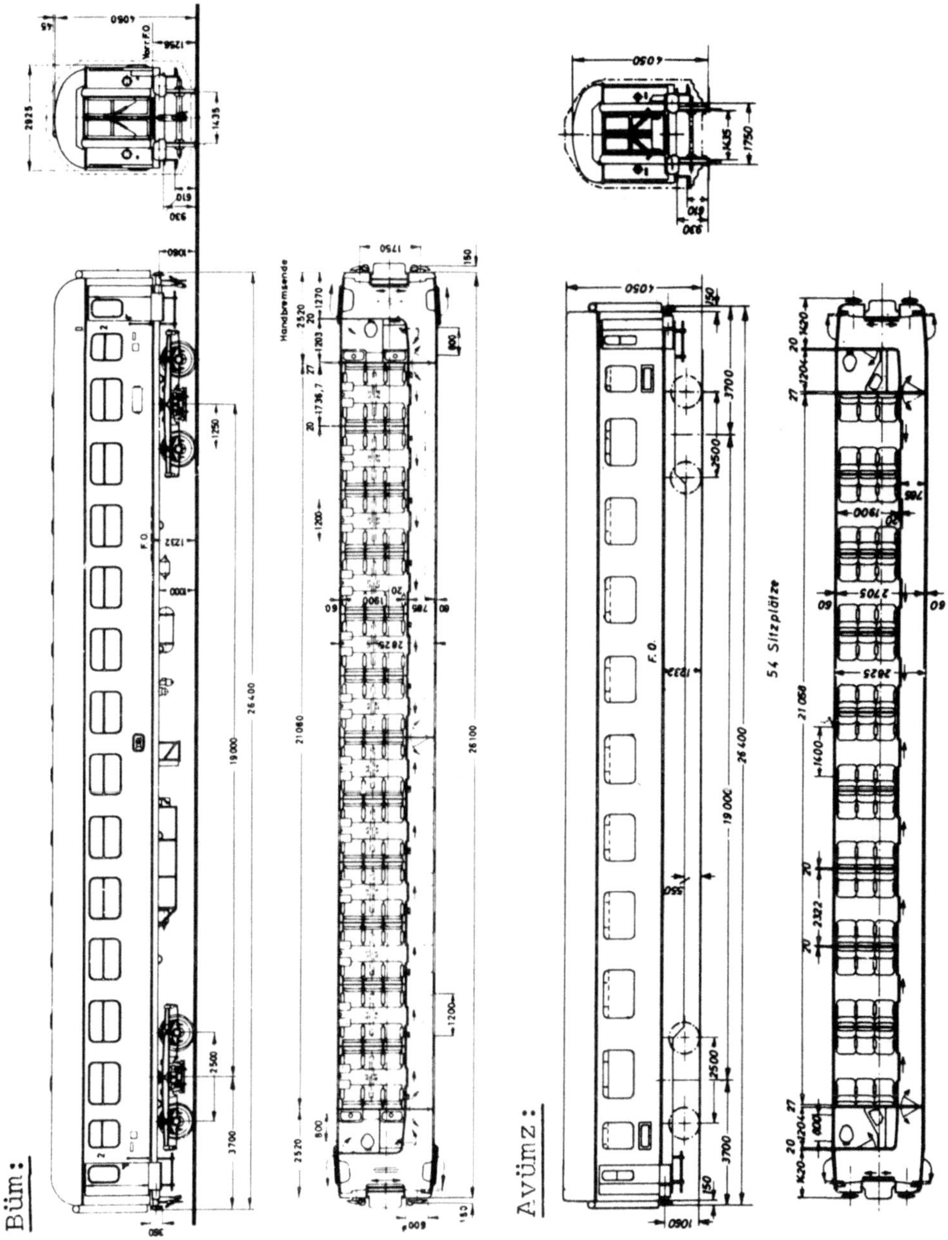

Bild 3: Aufbau der Fahrzeuge Büm und Avümz

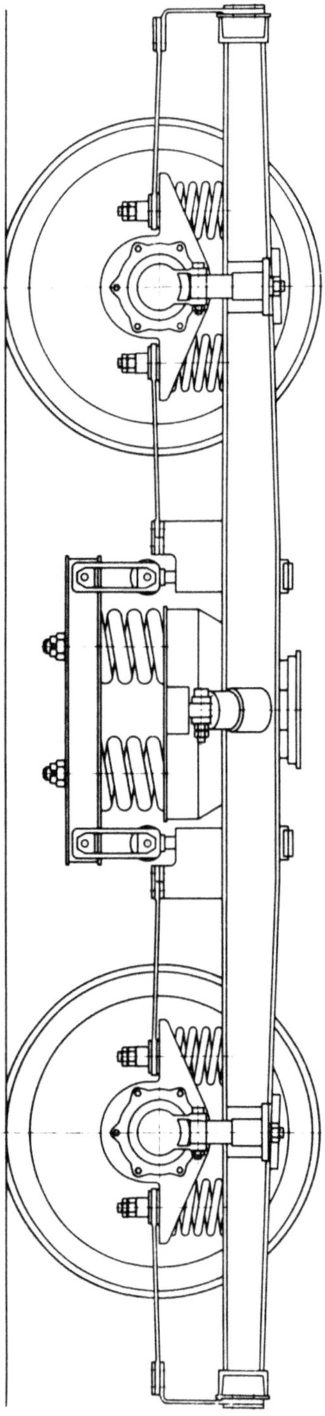

Bild 4: Drehgestell der Bauart Minden-Deutz

Bild 5: Ankopplung des Fahrzeugs an den Grundrahmen mittels Zugstange

Bild 6: Modelldrehgestell in 2 Ansichten
(das obere Bild zeigt u.a. den Wiegenquerdämpfer)

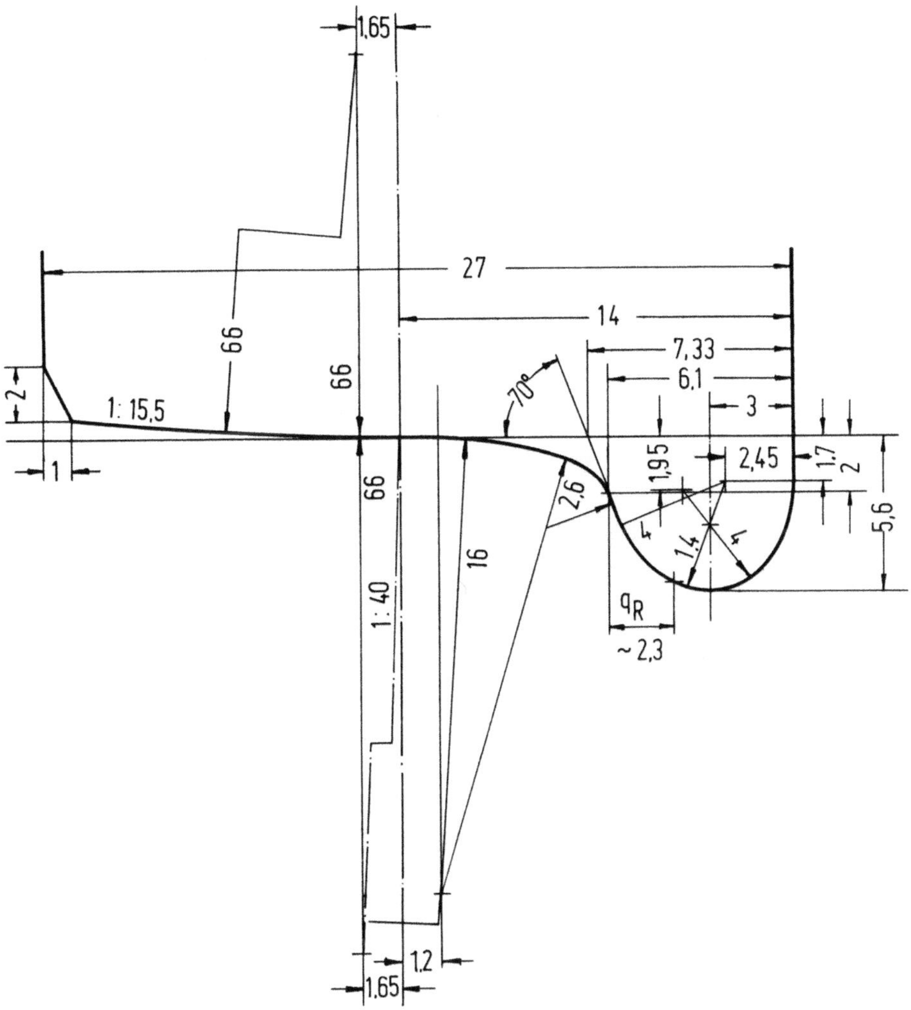

Bild 7: Radreifenprofil DBJI (Modell)

Bild 8: Treibscheiben des Modellprüfstandes mit aufgesetztem Drehgestell

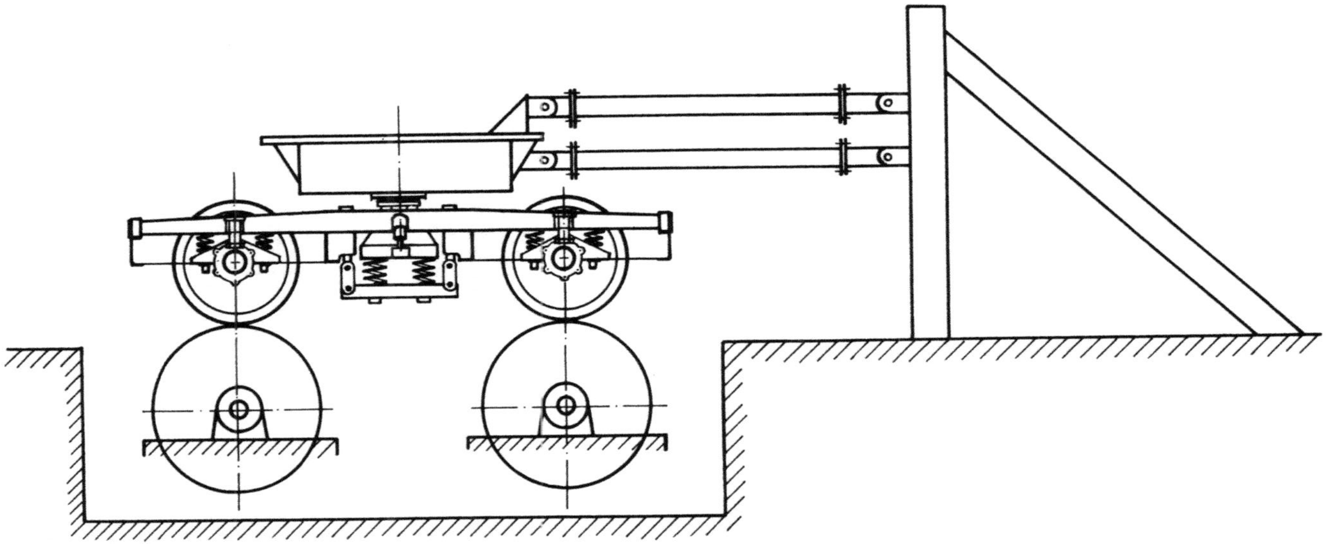

Bild 9: Rollprüfstand des Institutes für Fördertechnik und Schienenfahrzeuge der RWTH Aachen mit einem aufgesetzten Drehgestell und Haltevorrichtung

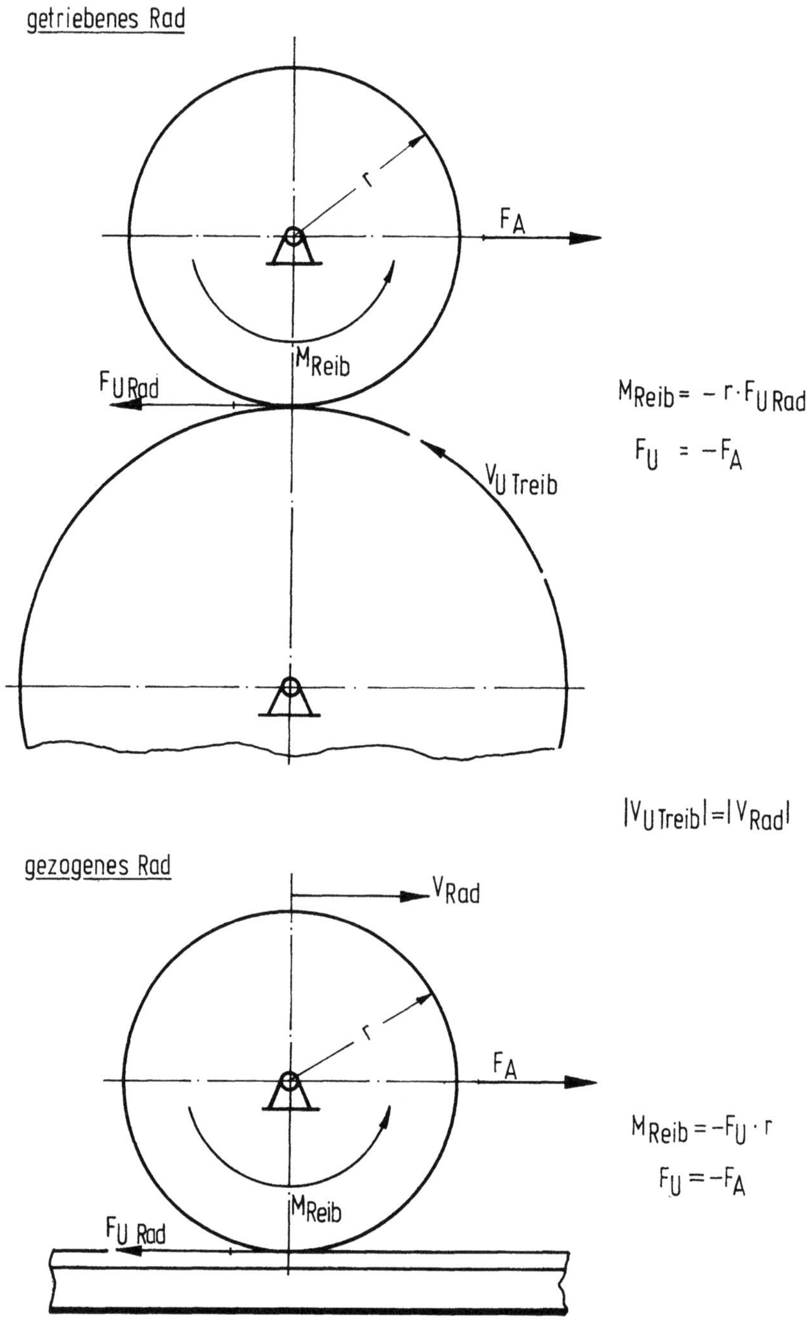

Bild 10: Auf die Räder einwirkende Kräfte beim
- von einer Treibscheibe getriebenen Rad
- über die Schiene gezogenen Rad

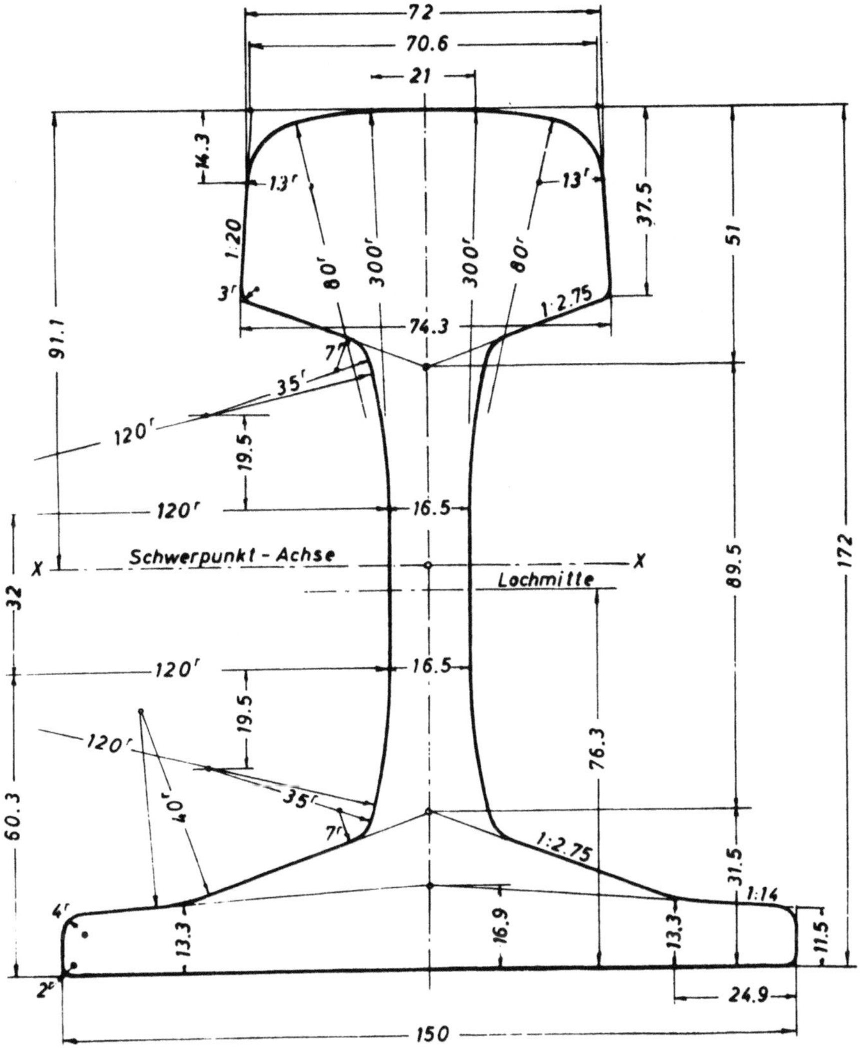

Bild 11: Profil der Schiene UIC60

Größe	Dimension	Übertragungsmaßstab
Geschwindigkeit	m/s	λ/τ
Beschleunigung	m/s^2	λ/τ^2
Winkelgeschwindigkeit	1/s	$1/\tau$
Winkelbeschleunigung	$1/s^2$	$1/\tau^2$
Arbeit	Nm	$\varkappa\cdot\lambda$
Leistung	Nm/s	$\varkappa\cdot\lambda/\tau$
Federkonstante	N/m	$\varkappa/\lambda$
Dämpfungskonstante	Ns/m	$\varkappa\cdot\tau/\lambda$

Bild 12: Übertragungsmaßstäbe der abgeleiteten Einheiten (Beispiele)

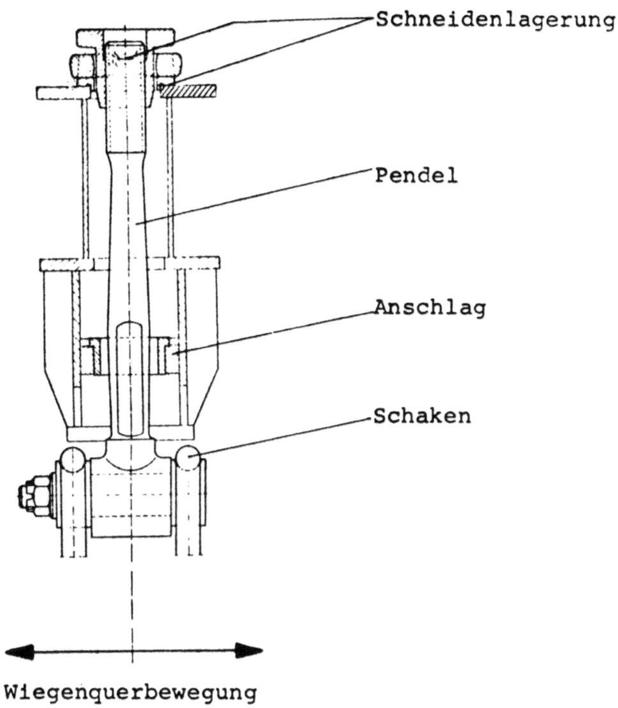

Bild 13: Wiegenpendel im Drehgestellrahmen

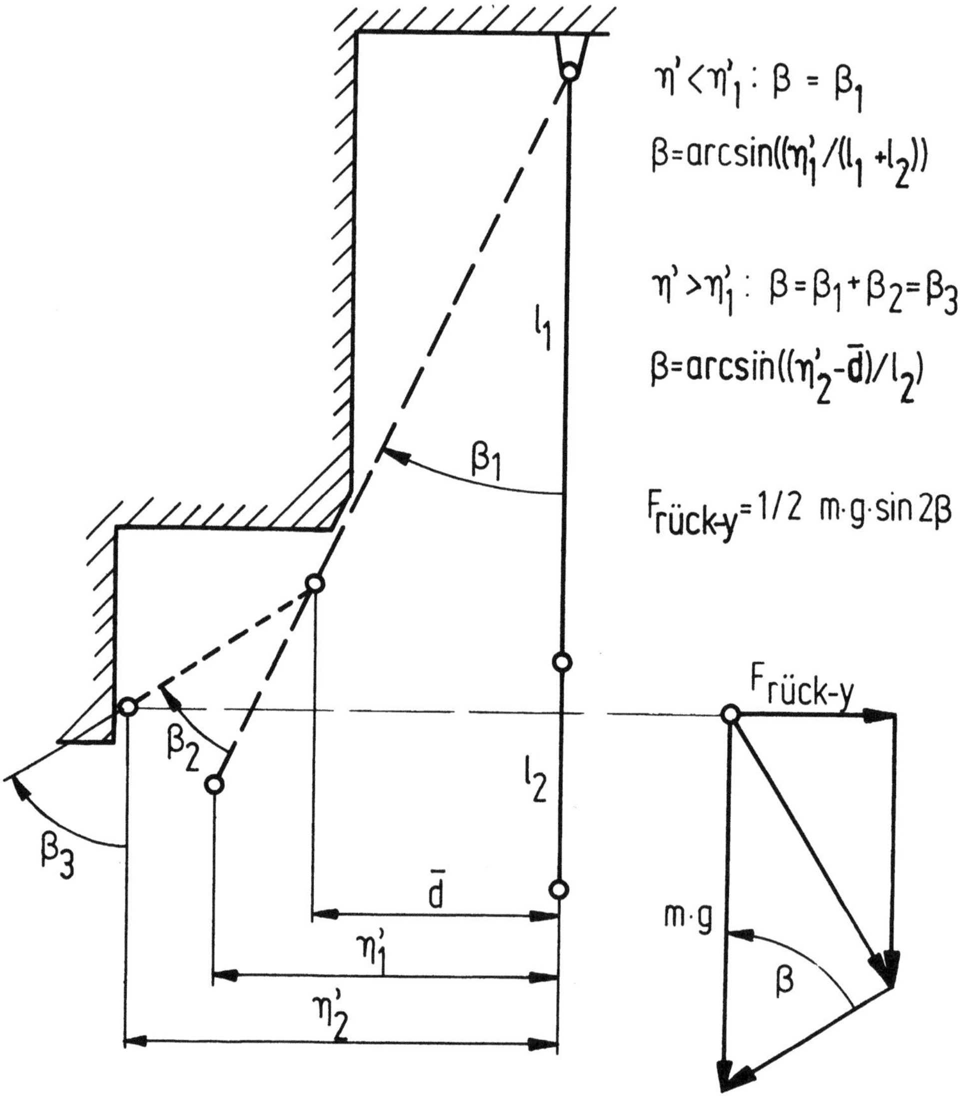

Bild 14: Ersatzsystem der Wiegenaufhängung

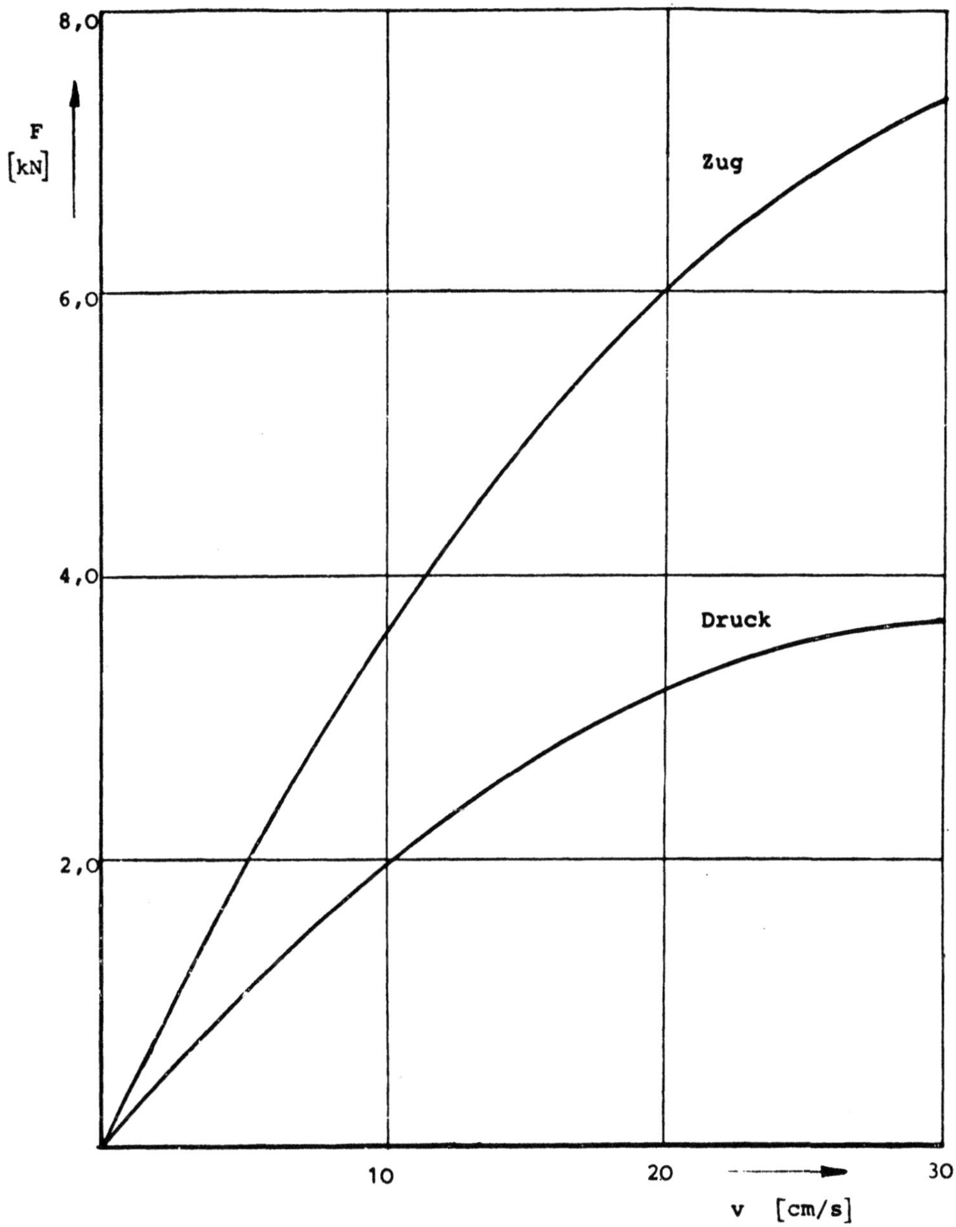

Bild 15: Kennlinie eines Achsdämpfers der Hauptausführung /20/

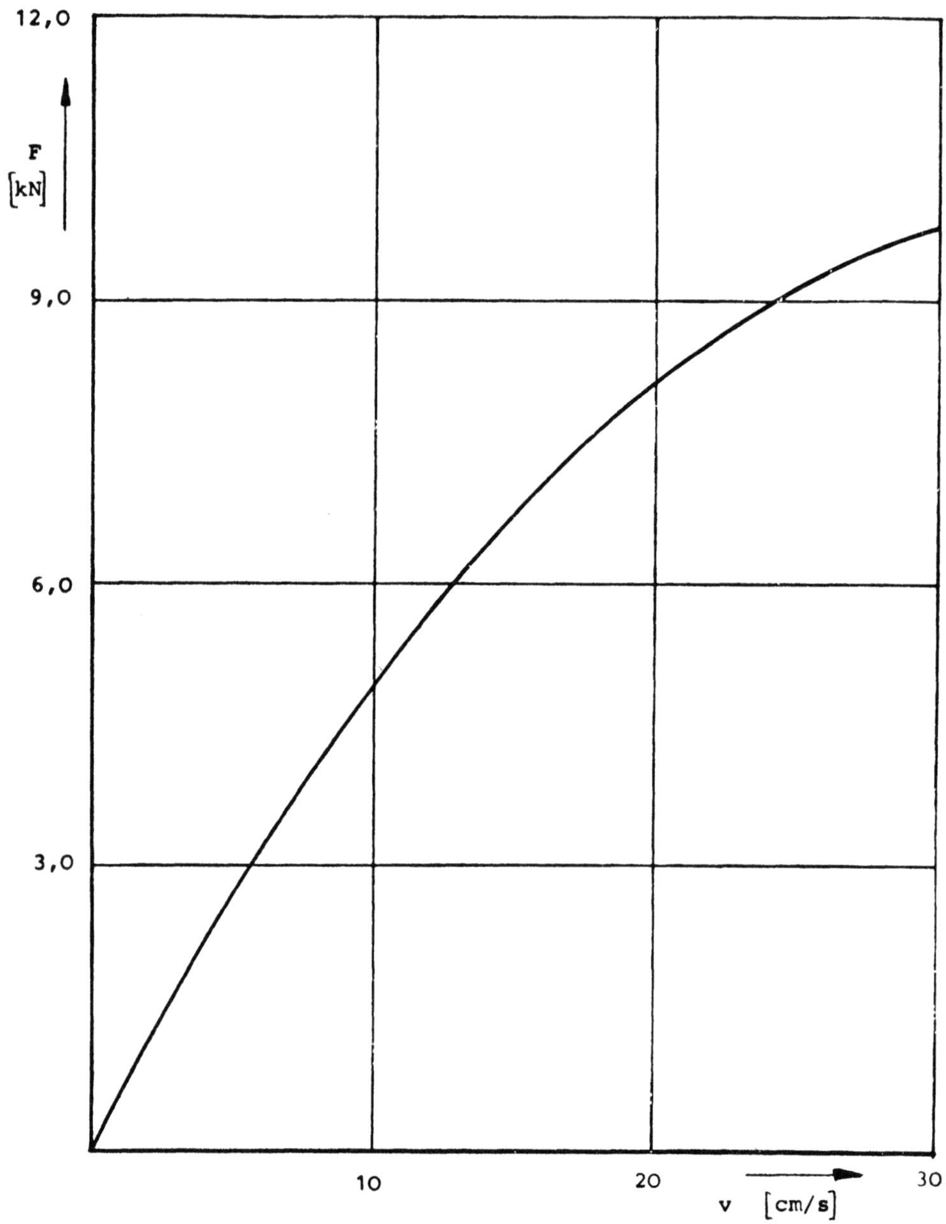

Bild 16: Kennlinie eines Wiegendämpfers der Hauptausführung /20/

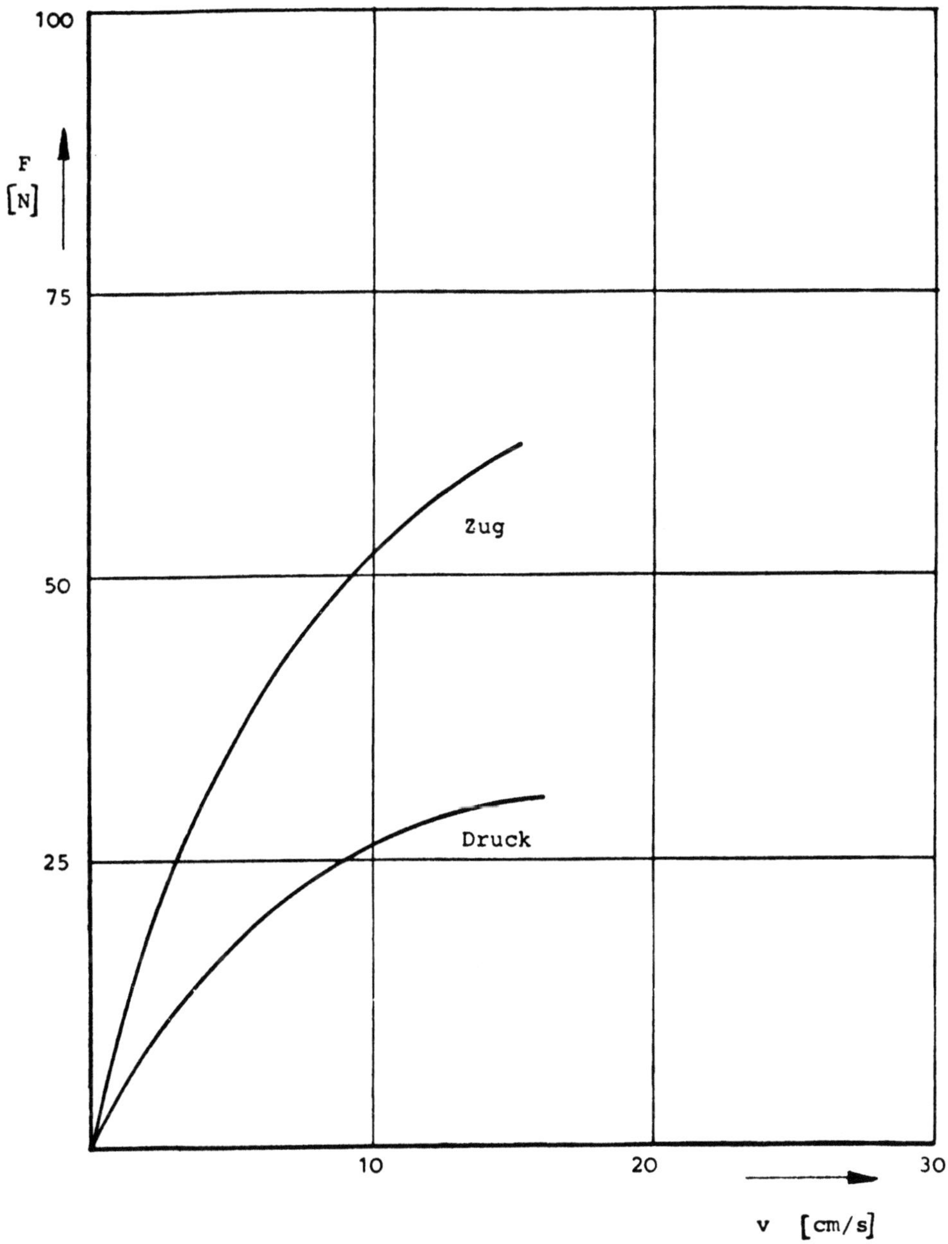

Bild 17: Sollkurve der Modellachsdämpfer

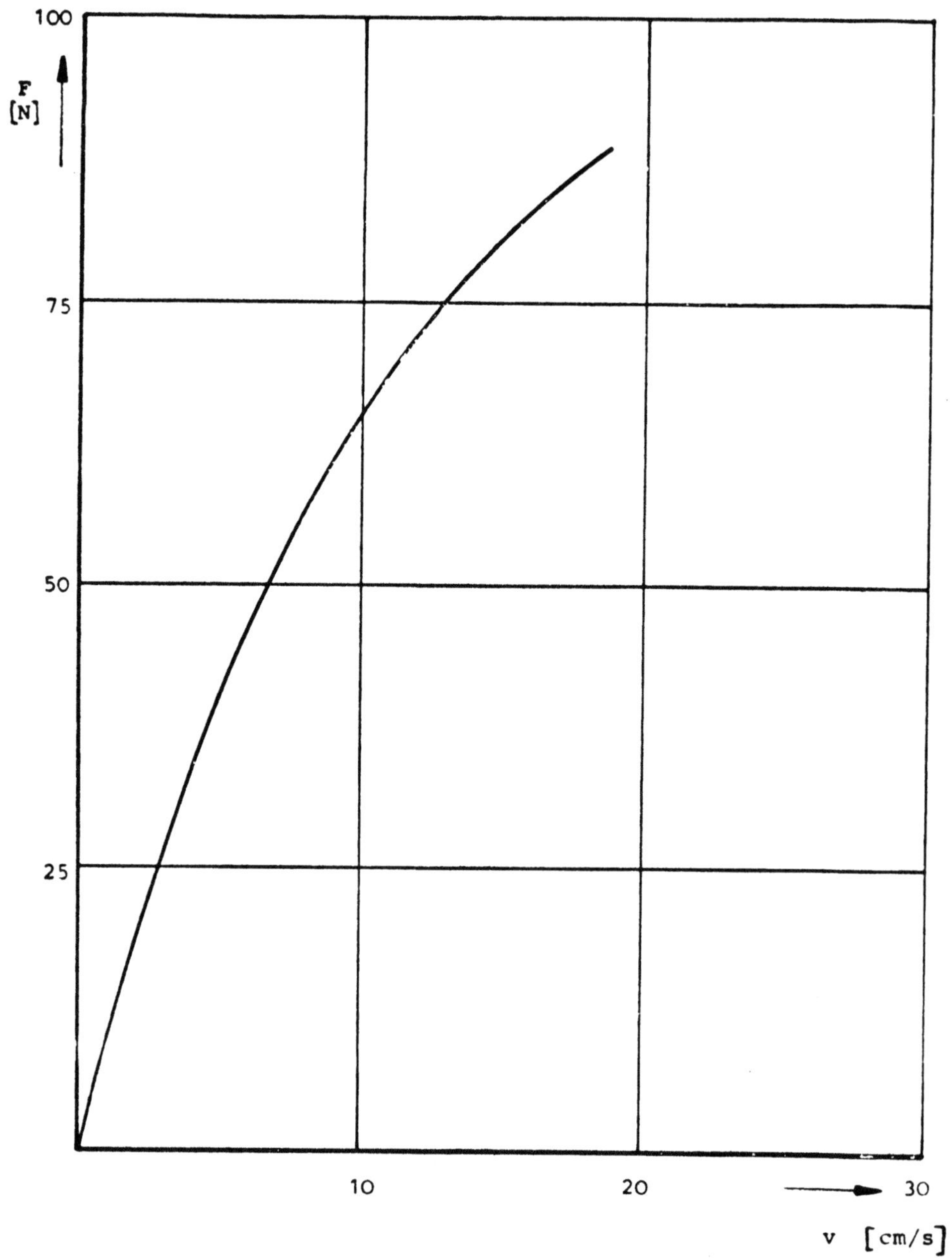

Bild 18: Sollkurve der Modellwiegendämpfer

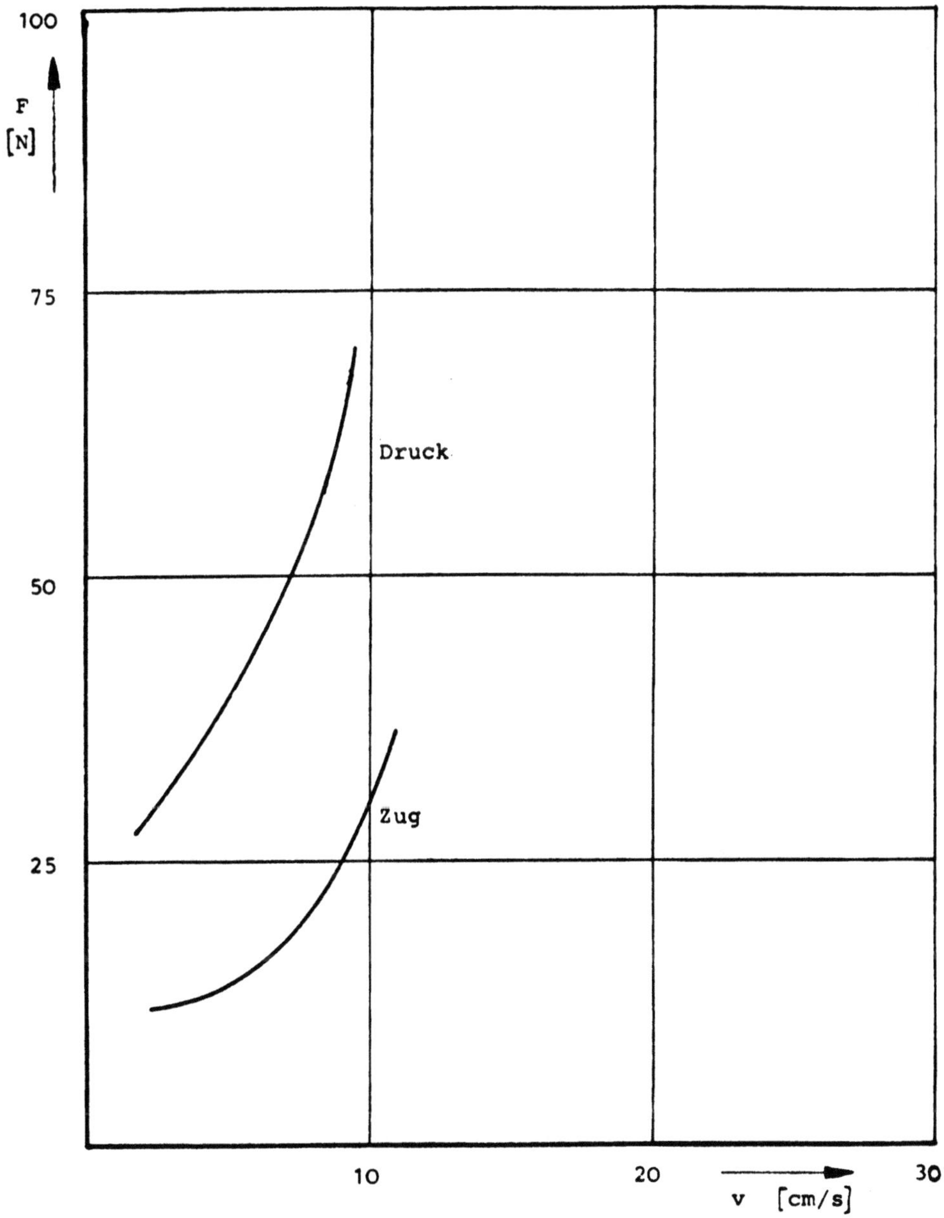

Bild 19: Istkurve eines der in das Modell eingebauten Achsdämpfer

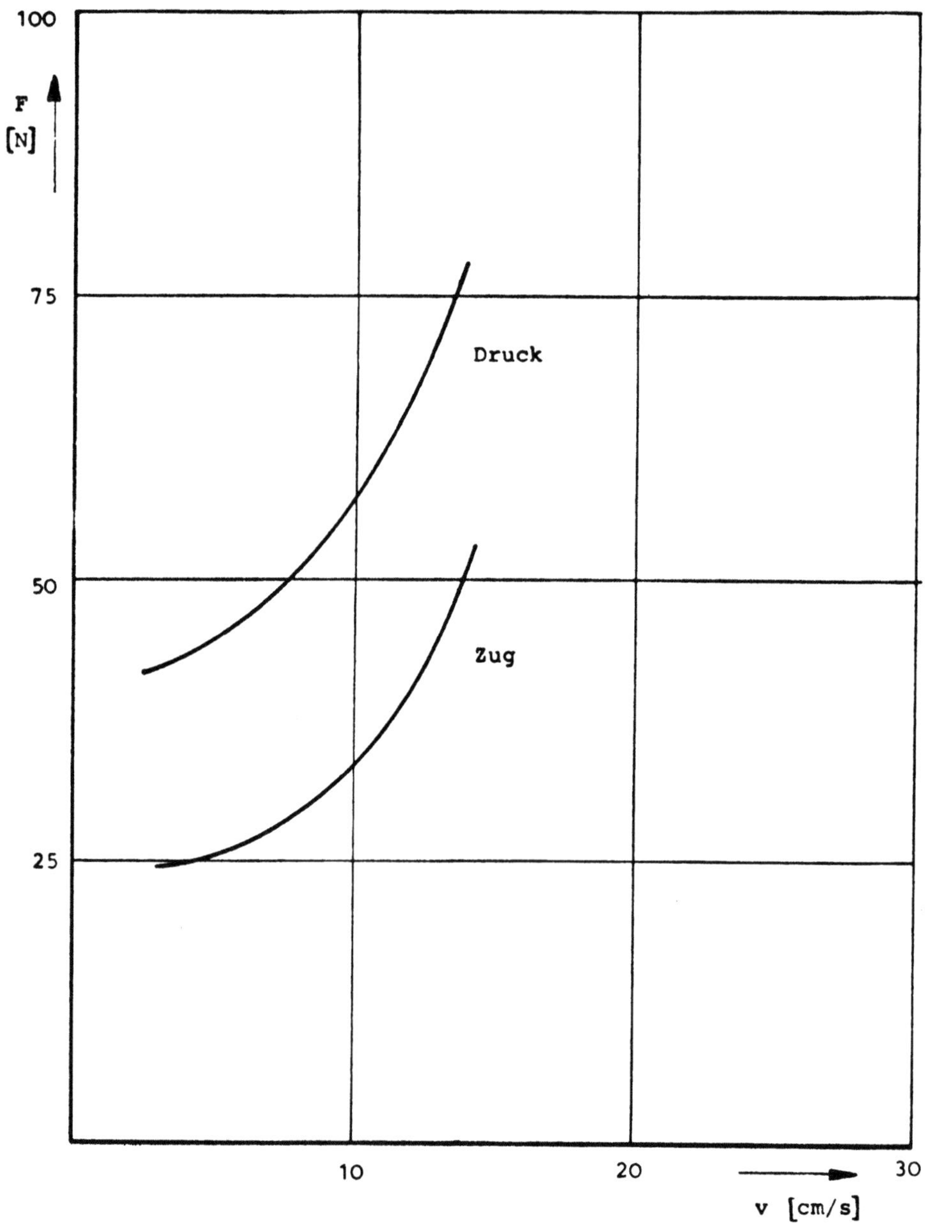

Bild 20: Istkurve eines der in das Modell eingebauten Wiegendämpfer

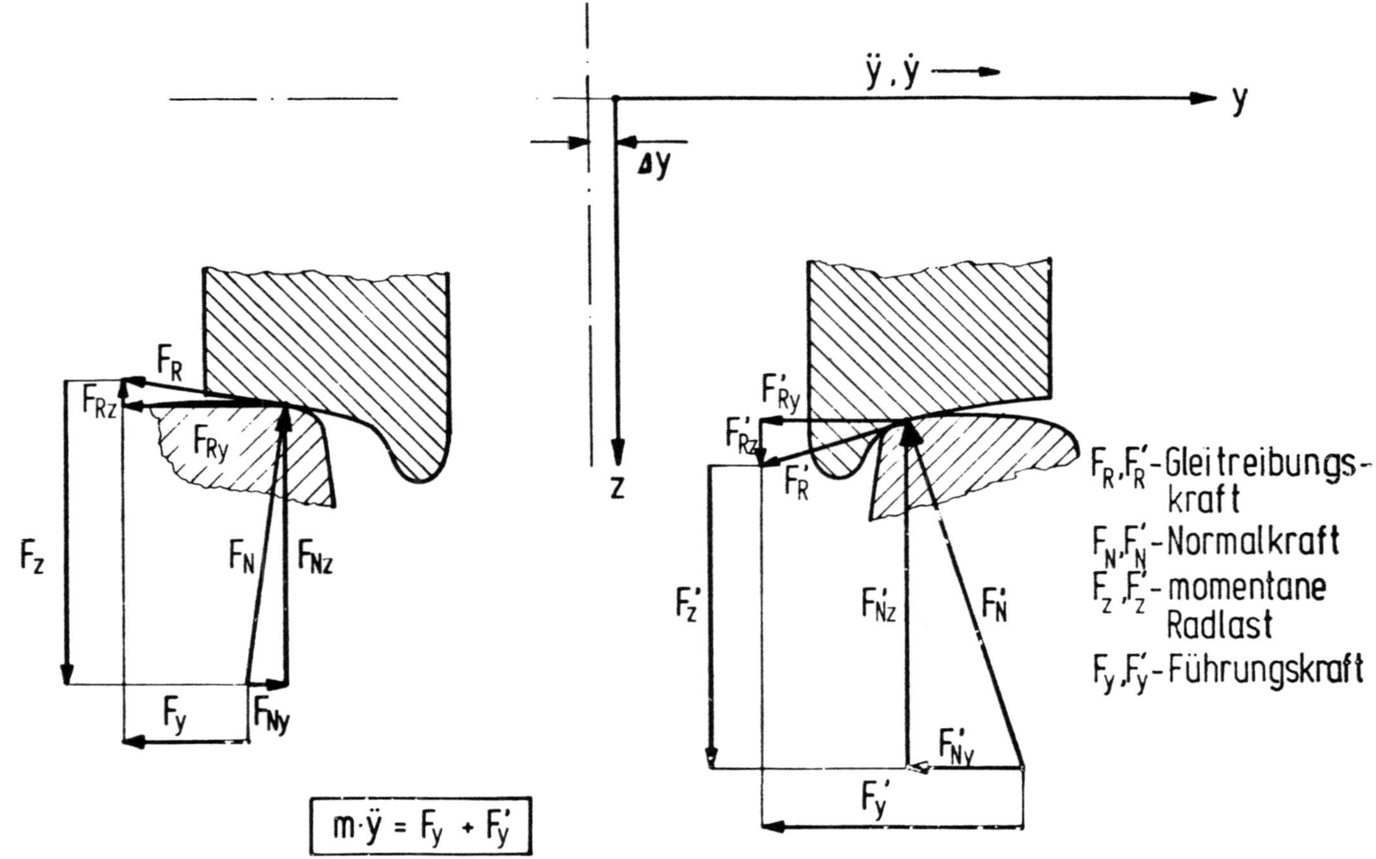

Bild 21: Kräfte im Radaufstandspunkt bei einer Querbewegung in der y-z-Ebene

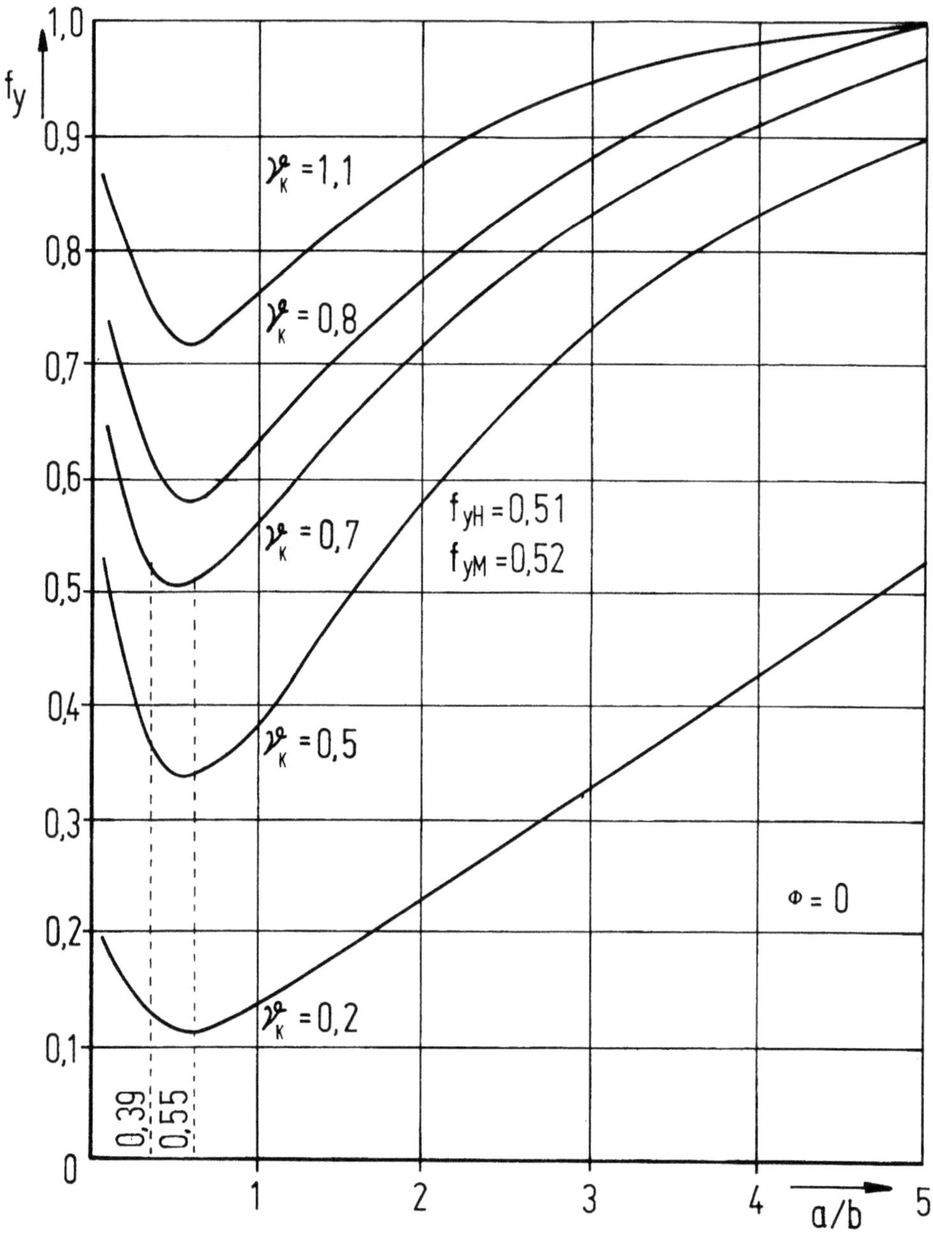

Bild 22: Normierte Kraftschlußbeiwerte f_y als Funktion des Halbachsenverhältnisses a/b nach Kalker

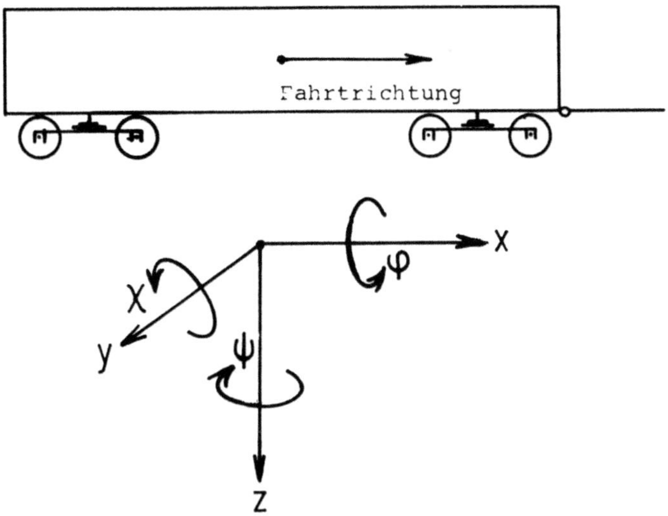

Bild 23: Zugrunde gelegtes Koordinatensystem

Zur Indizierung werden an die entsprechenden Größen folgende Indizes angehängt:

für den Wagenkasten	WK
für das Drehgestell 1	1
für das Drehgestell 2	2
für die Wiege 1	Wv
für die Wiege 2	Wh

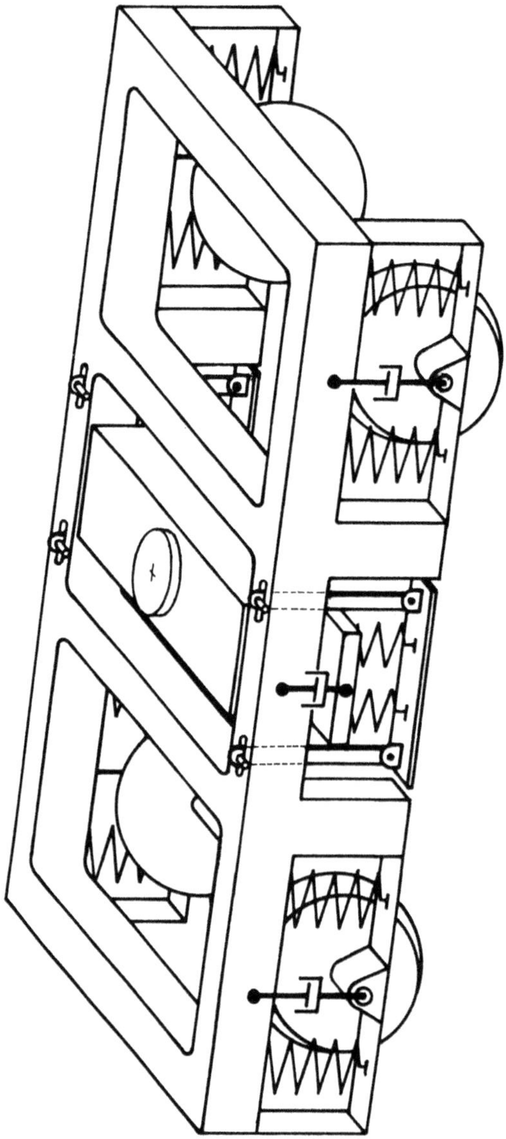

Bild 24: Prinzipieller Aufbau des Drehgestells Minden-Deutz

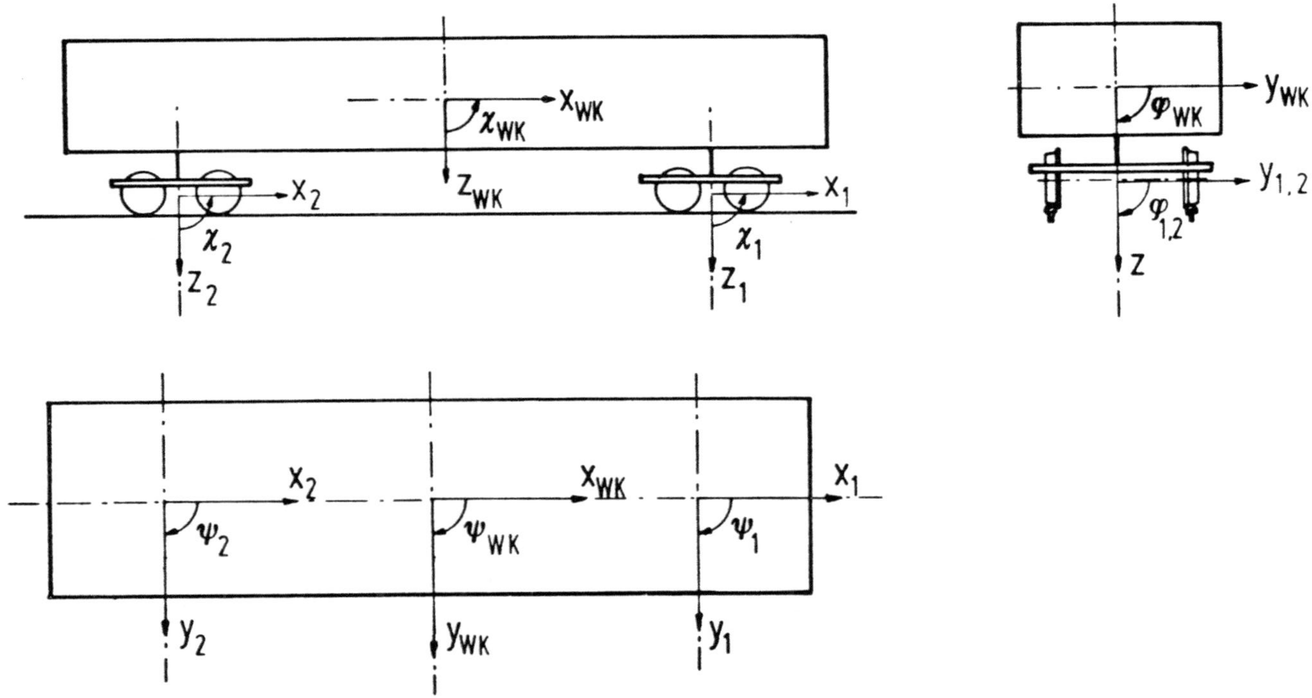

Bild 25: Freiheitsgrade des Fahrzeugs

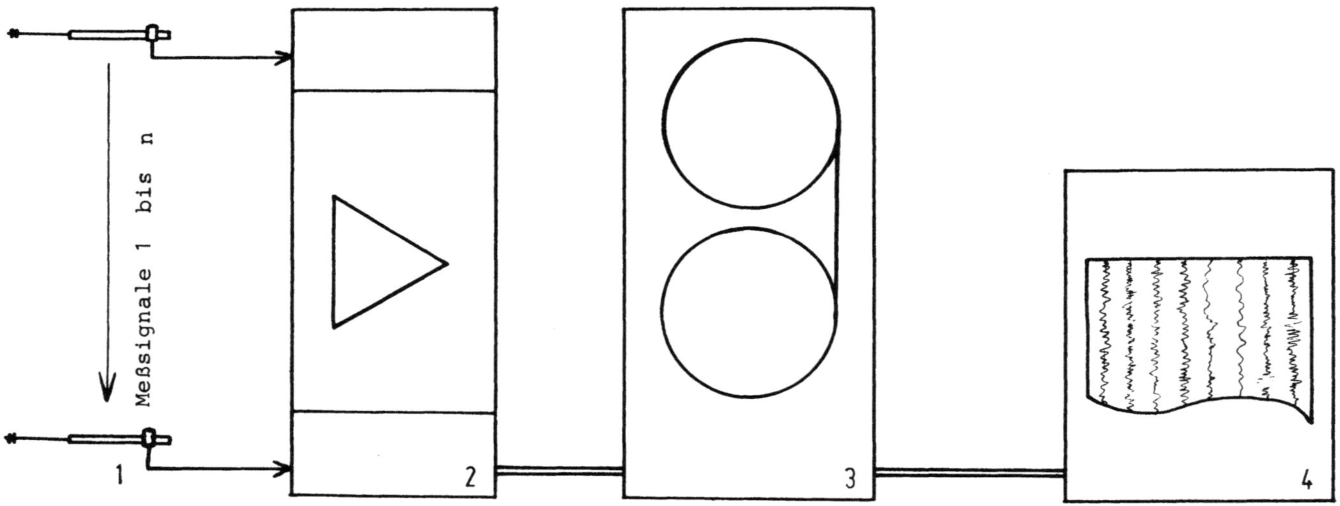

1) Induktive Wegaufnehmer

2) Trägerfrequenzmeßverstärker

3) Magnetbandgerät

4) Mehrkanalschreiber

Bild 26: Prinzip des Meßaufbaues

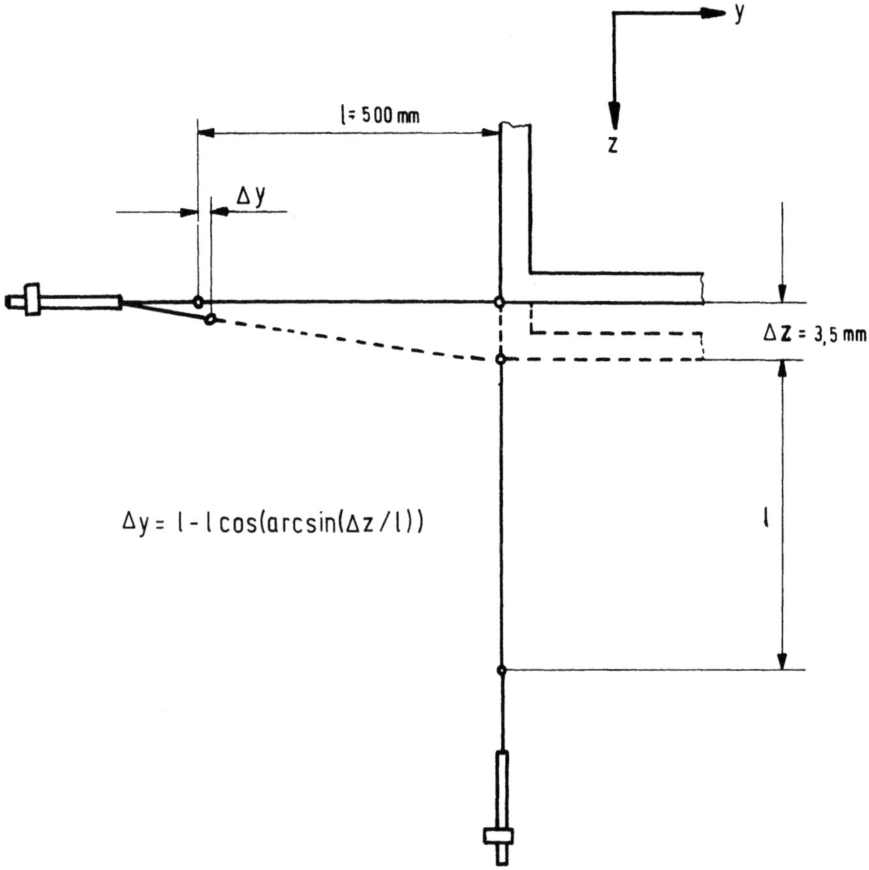

Bild 27: Störung des y-Signals durch die z-Bewegung

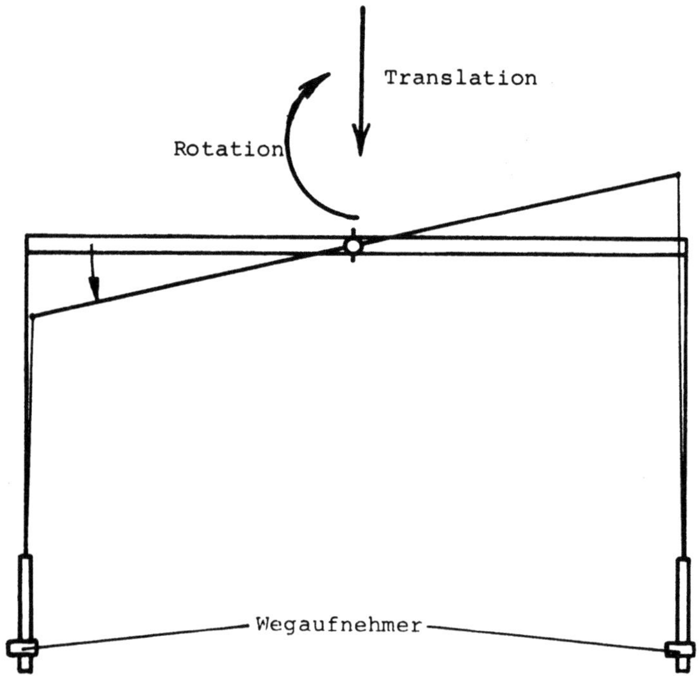

Bild 28: Gewählte Anordnung von 2 Wegaufnehmern zur Erfassung einer rotatorischen Bewegung bei möglichen gleichorientierten translatorischen Bewegungen

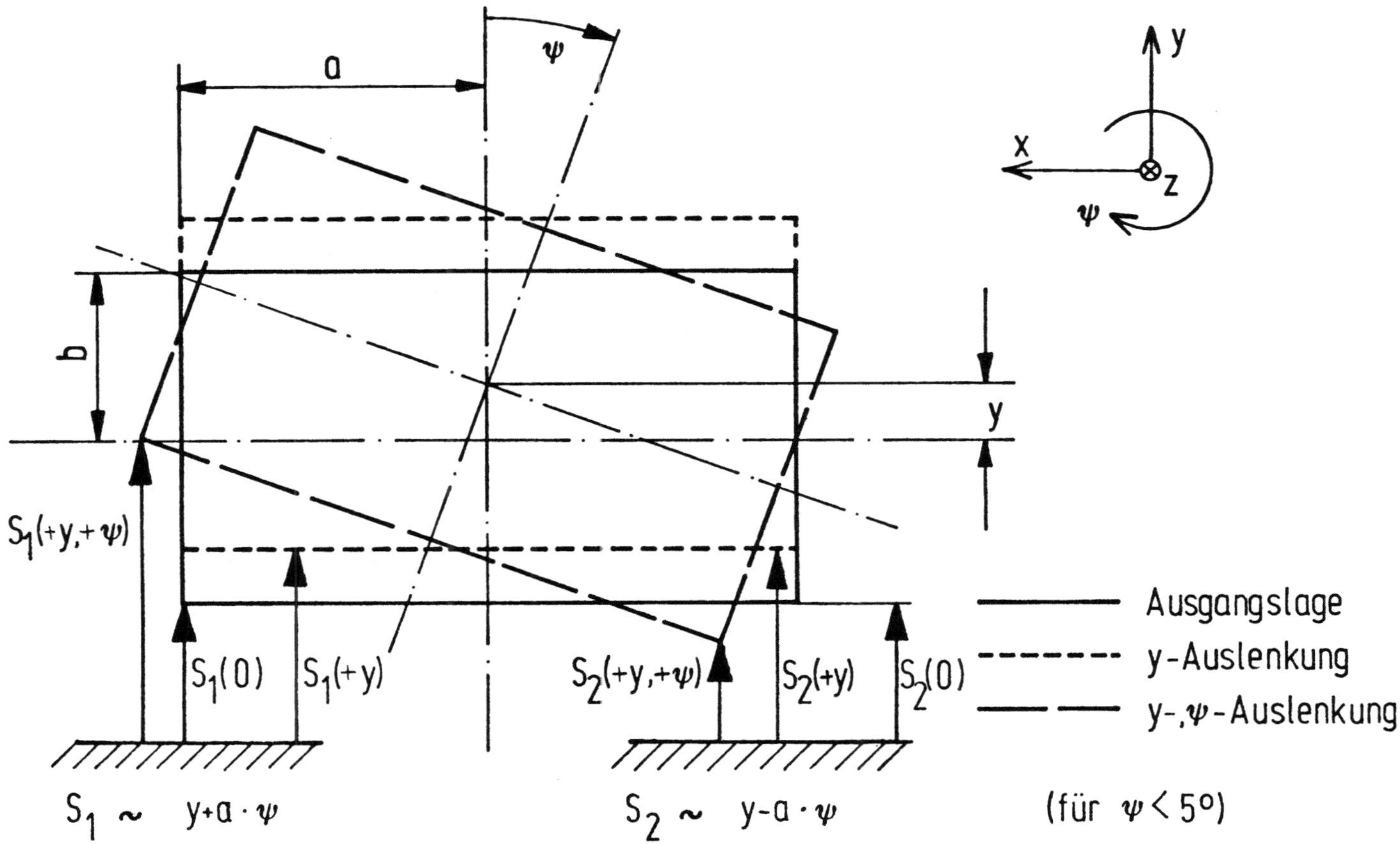

Bild 29: Überlagerung der Bewegungen eines Körpers in 2 Freiheitsgraden

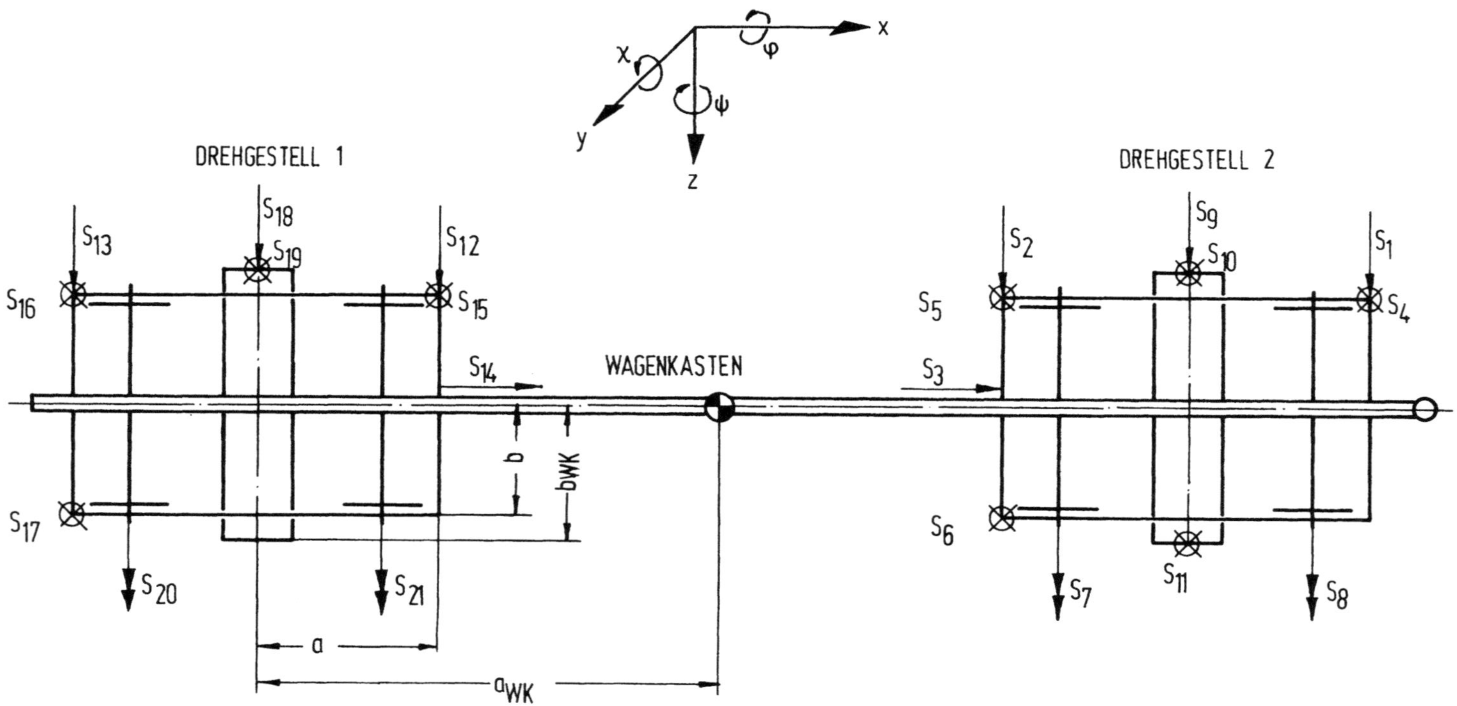

Bild 30: Meßstellenplan zur Erfassung der Bewegungen in 21 Freiheitsgraden

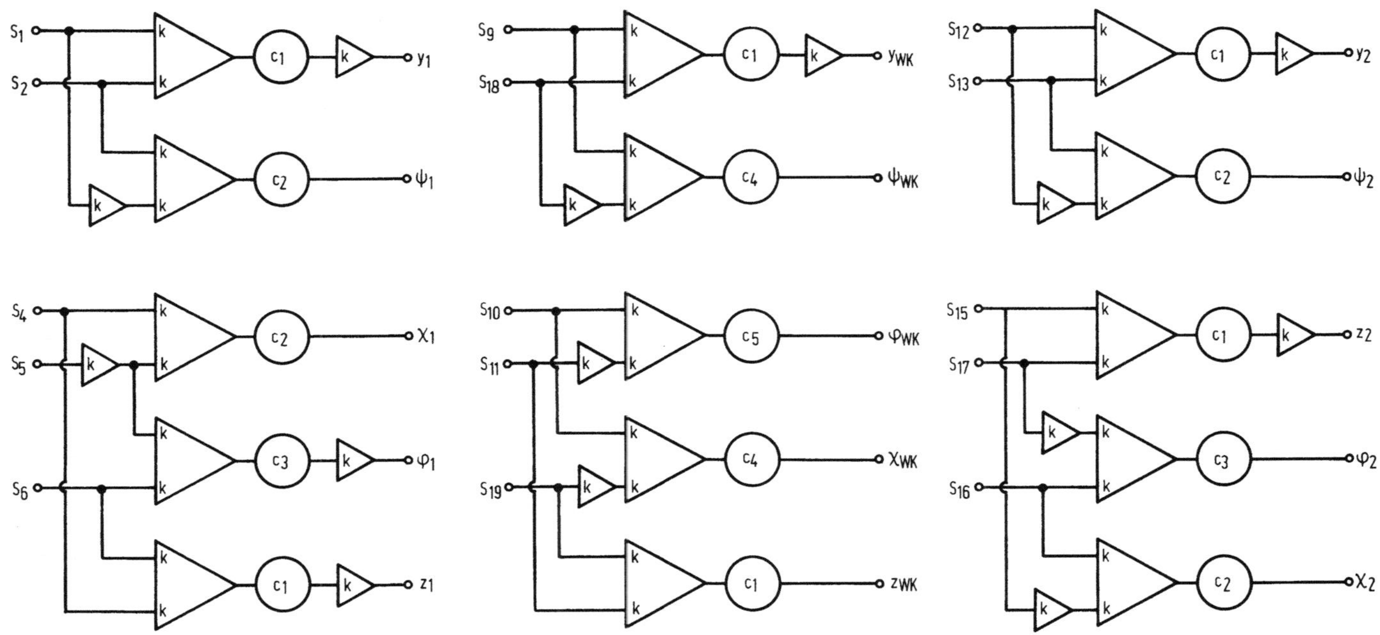

$k = 1$

$c_1 = 1/2$
$c_2 = 1/(2a)$
$c_3 = 1/(2b)$
$c_4 = 1/(2a_{WK})$
$c_5 = 1/(2b_{WK})$

Bild 31: Analogrechnerschaltung zur Auswertung der Signale S_1 bis S_{21}

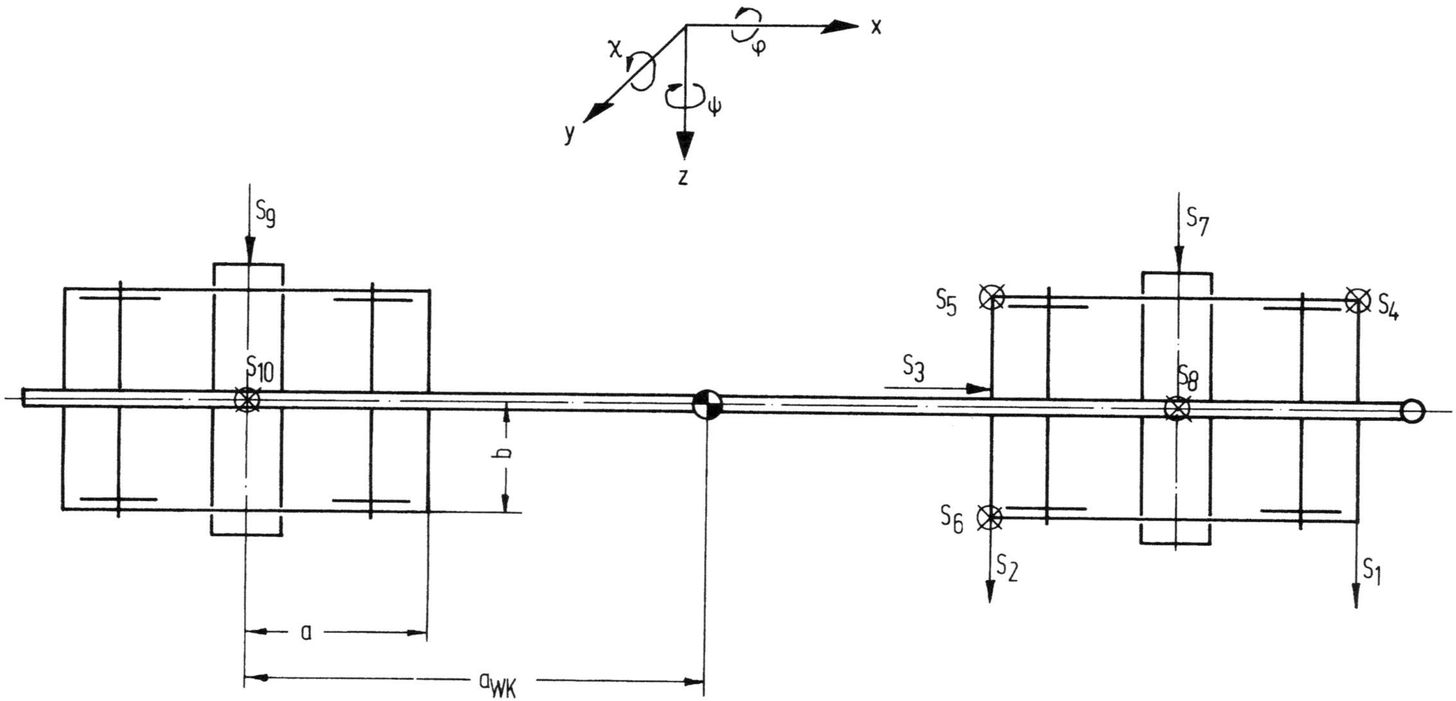

Bild 32: Meßstellenplan zur Erfassung der Bewegungen in 10 Freiheitsgraden

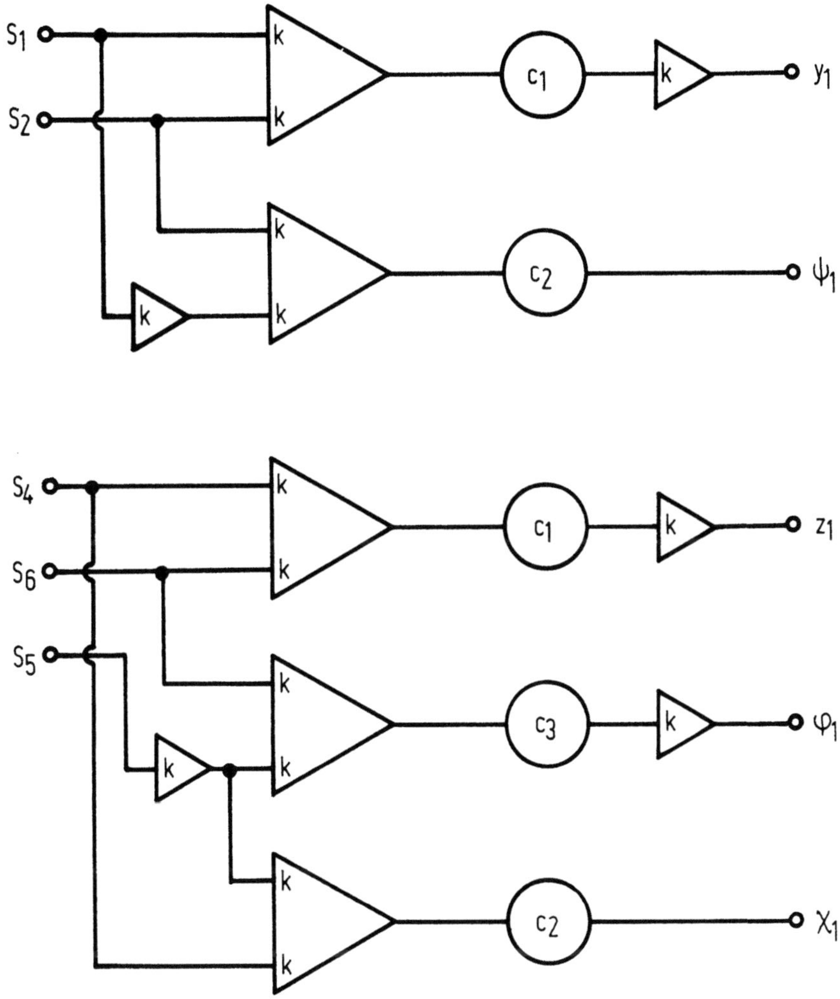

k = 1

$c_1 = 1/2$

$c_2 = 1/(2a)$

$c_3 = 1/(2b)$

Bild 33: Analogrechnerschaltung zur Auswertung der Signale S_1, S_2, S_4, S_5 und S_6

Bild 34: Geräteaufbau zur Auswertung der Messungen mit dem Analogrechner

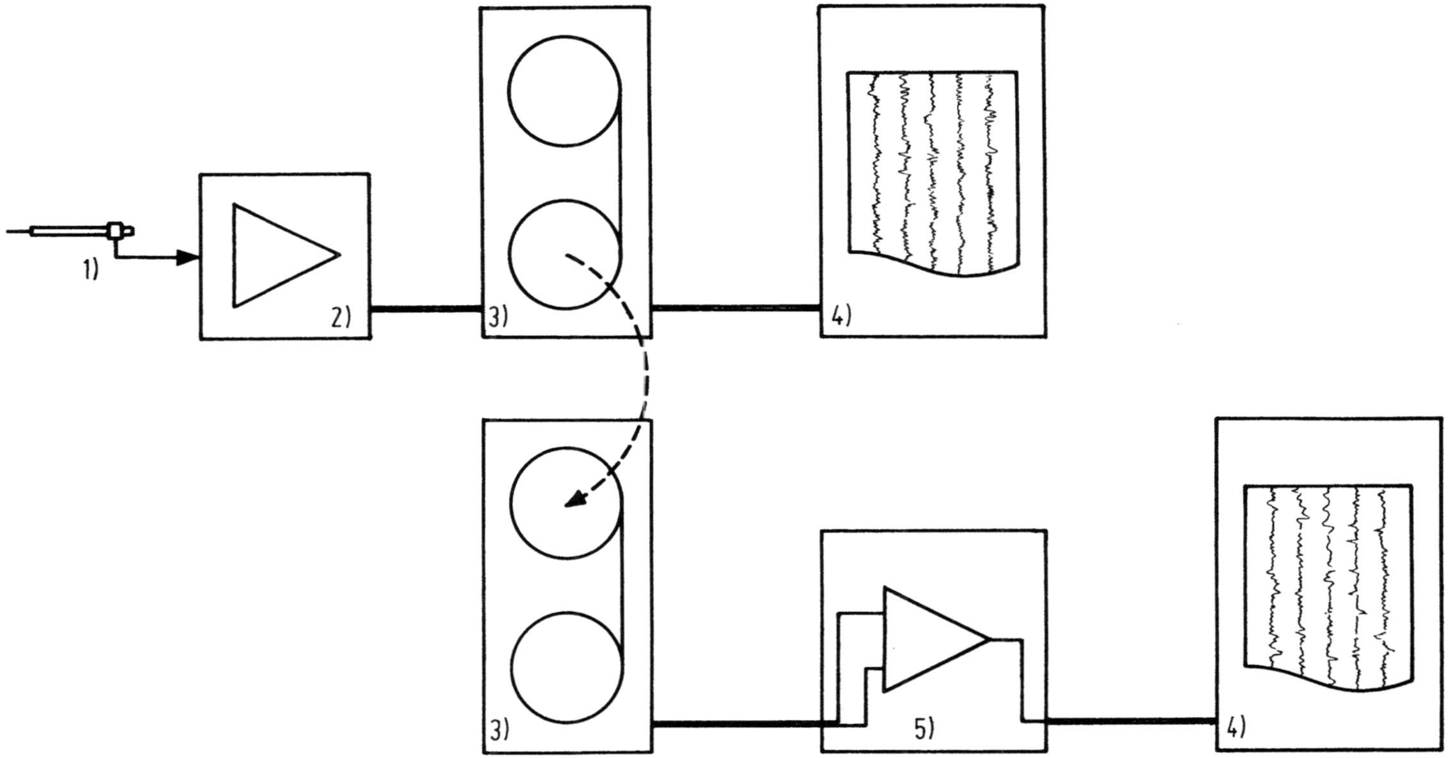

1) Induktiver Wegaufnehmer
2) Trägerfrequenzmeßverstärker
3) Magnetbandgerät
4) Mehrkanalschreiber
5) Analogrechner

Bild 35: Meß- und Auswertekette

Bild 36: Meßuhr zur Überprüfung der Auslenkung bei der Eichung

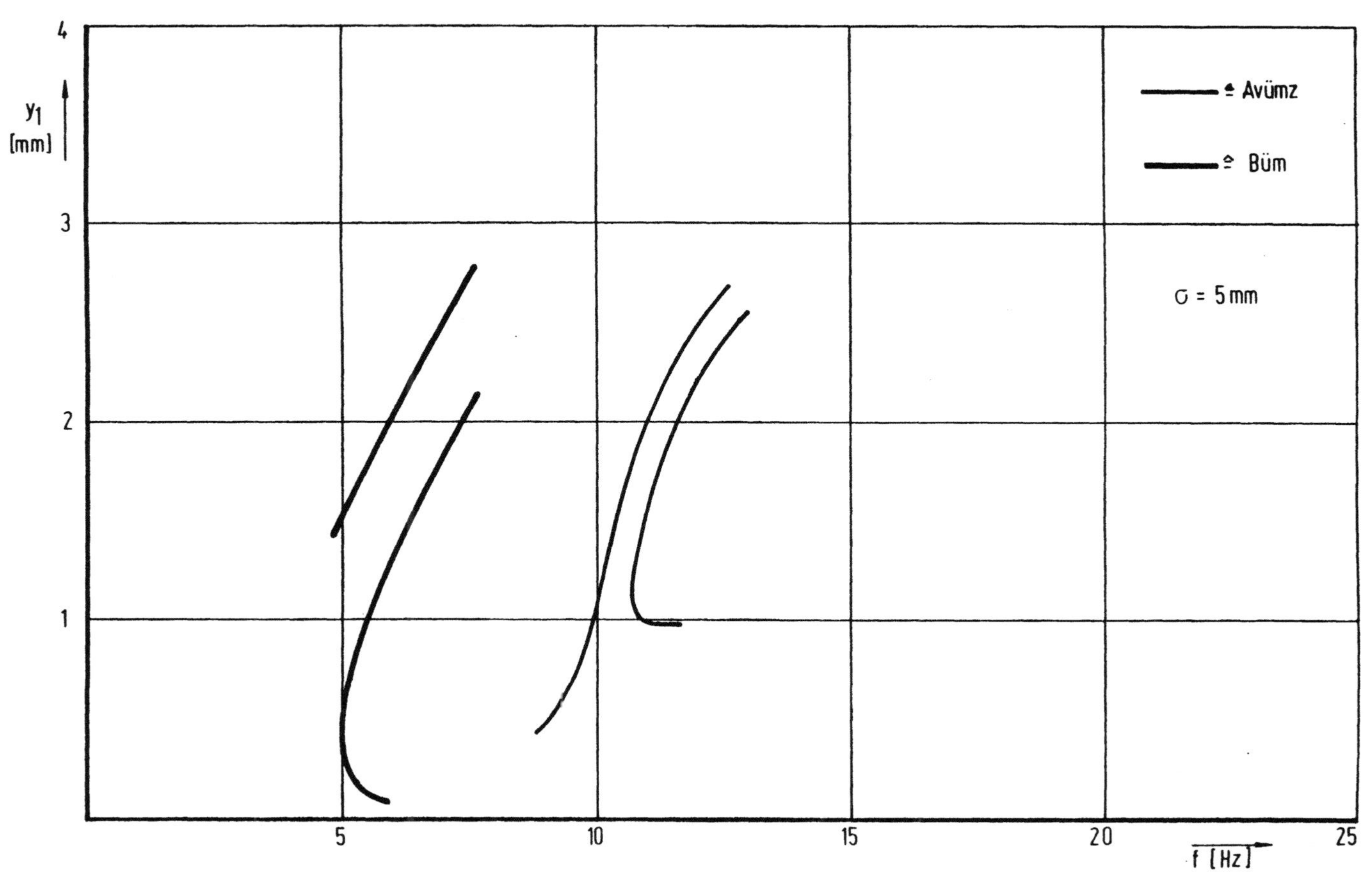

Bild 37: Amplitude der y_1-Bewegung über der Bauteilfrequenz

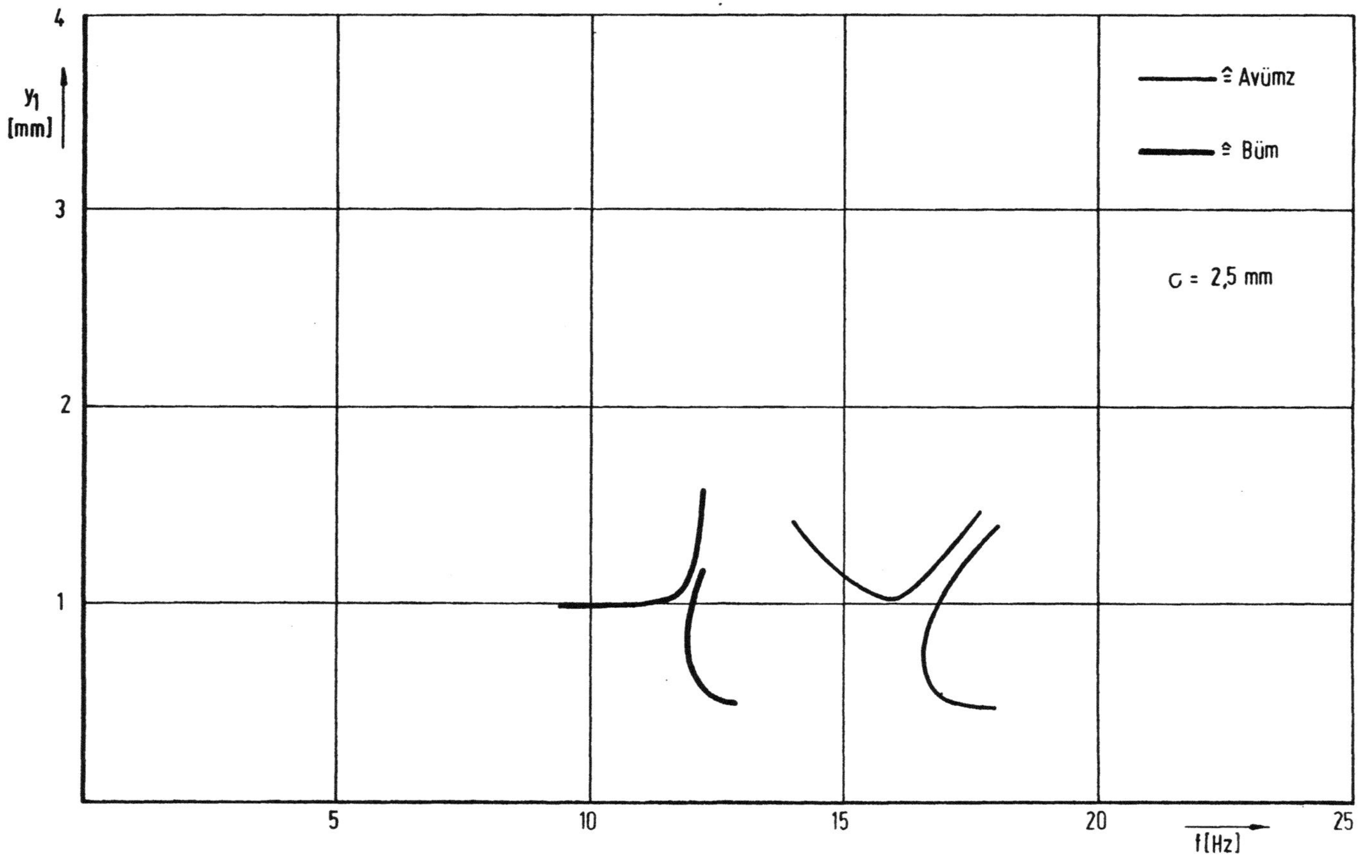

Bild 38: Amplitude der y_1-Bewegung über der Bauteilfrequenz

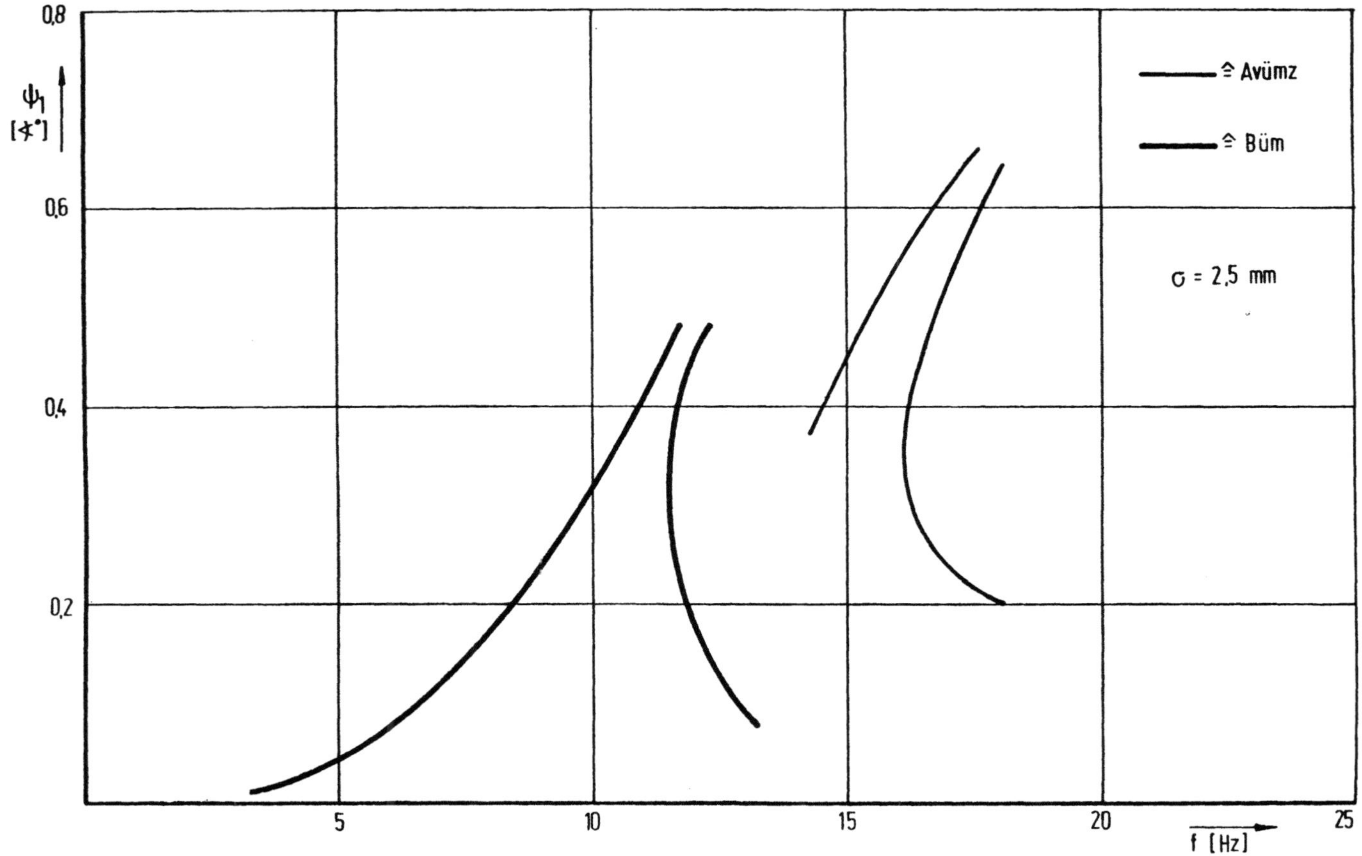

Bild 39: Amplitude der ψ_1-Bewegung über der Bauteilfrequenz

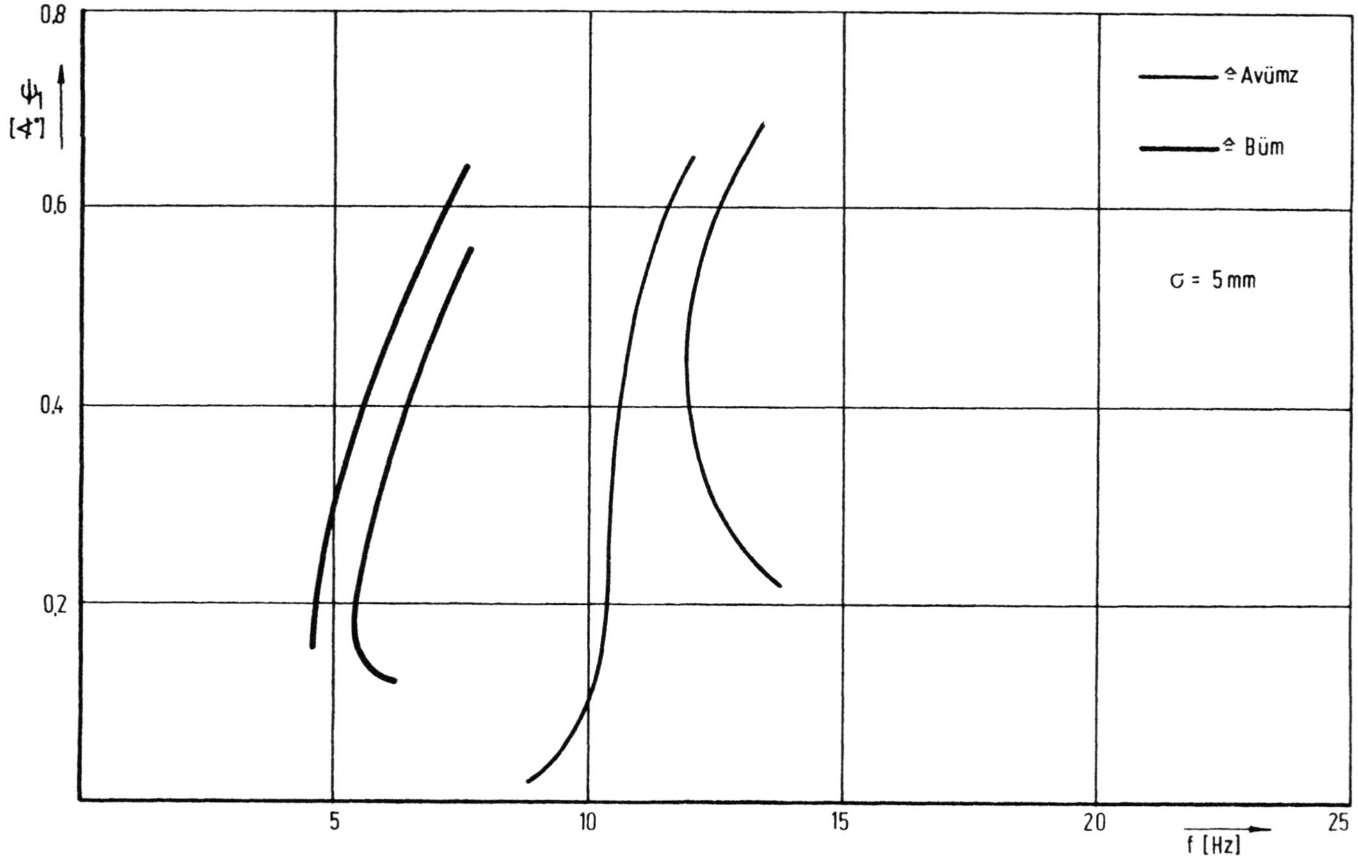

Bild 40: Amplitude der ψ_1-Bewegung über der Bauteilfrequenz

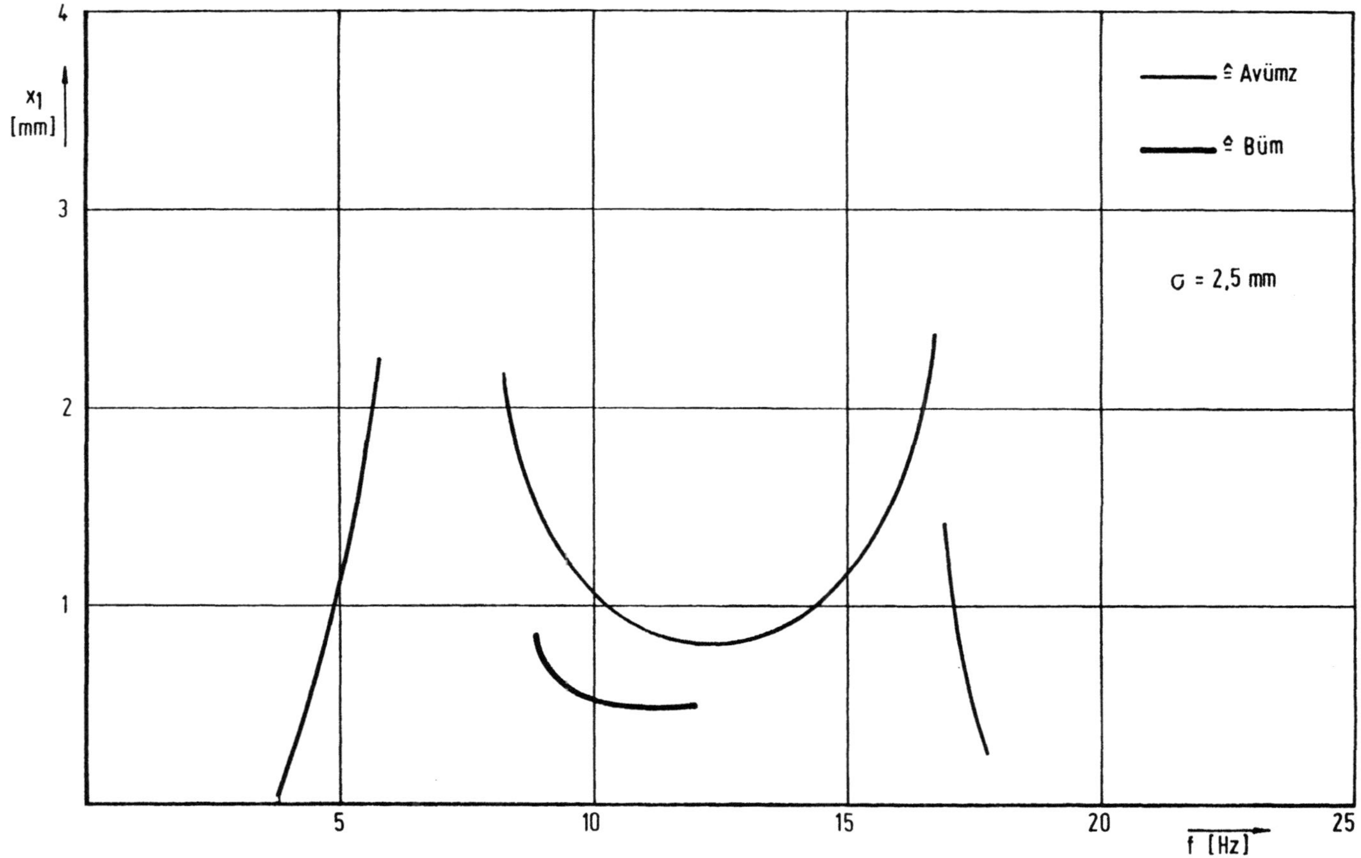

Bild 41: Amplitude der x_1-Bewegung über der Bauteilfrequenz

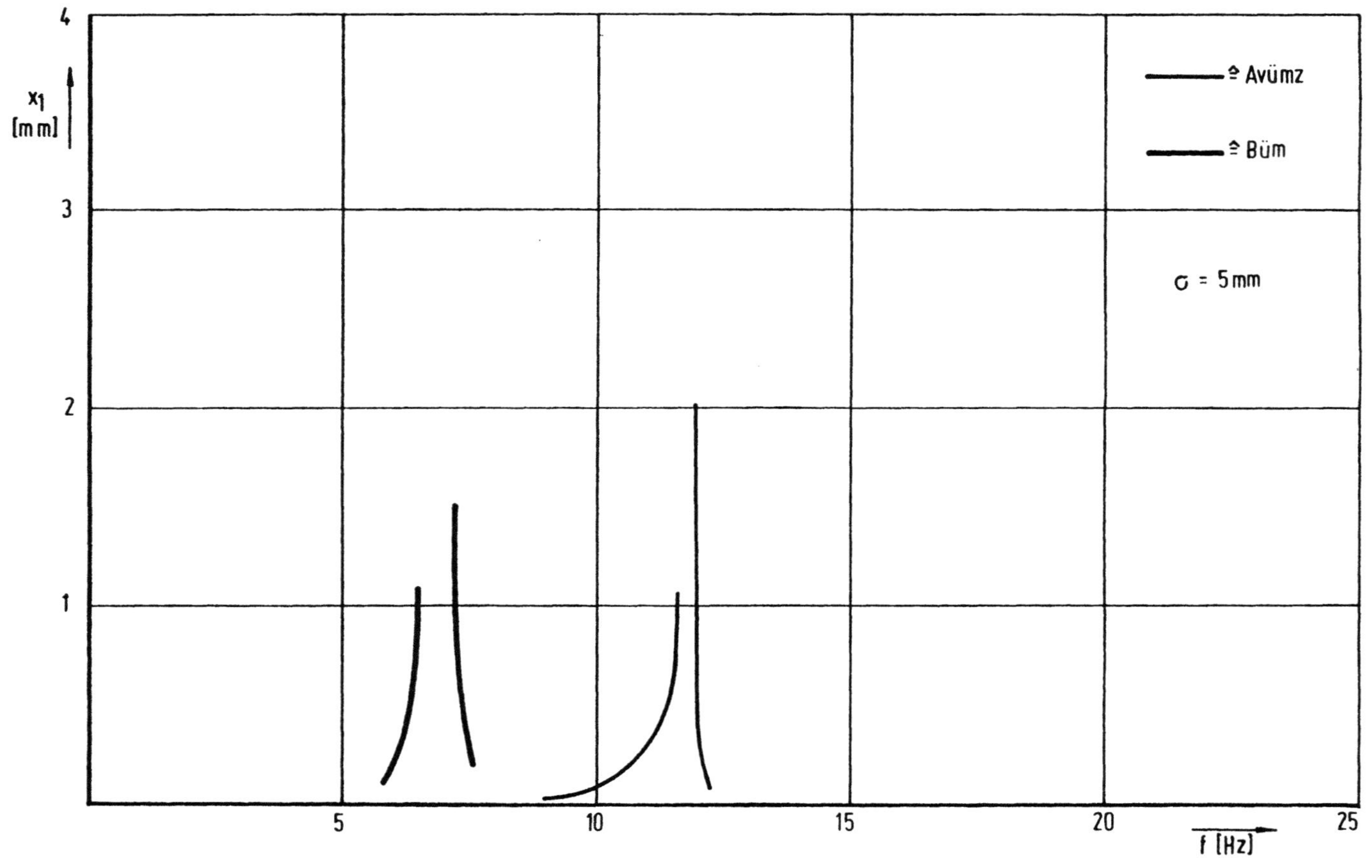

Bild 42: Amplitude der x_1-Bewegung über der Bauteilfrequenz

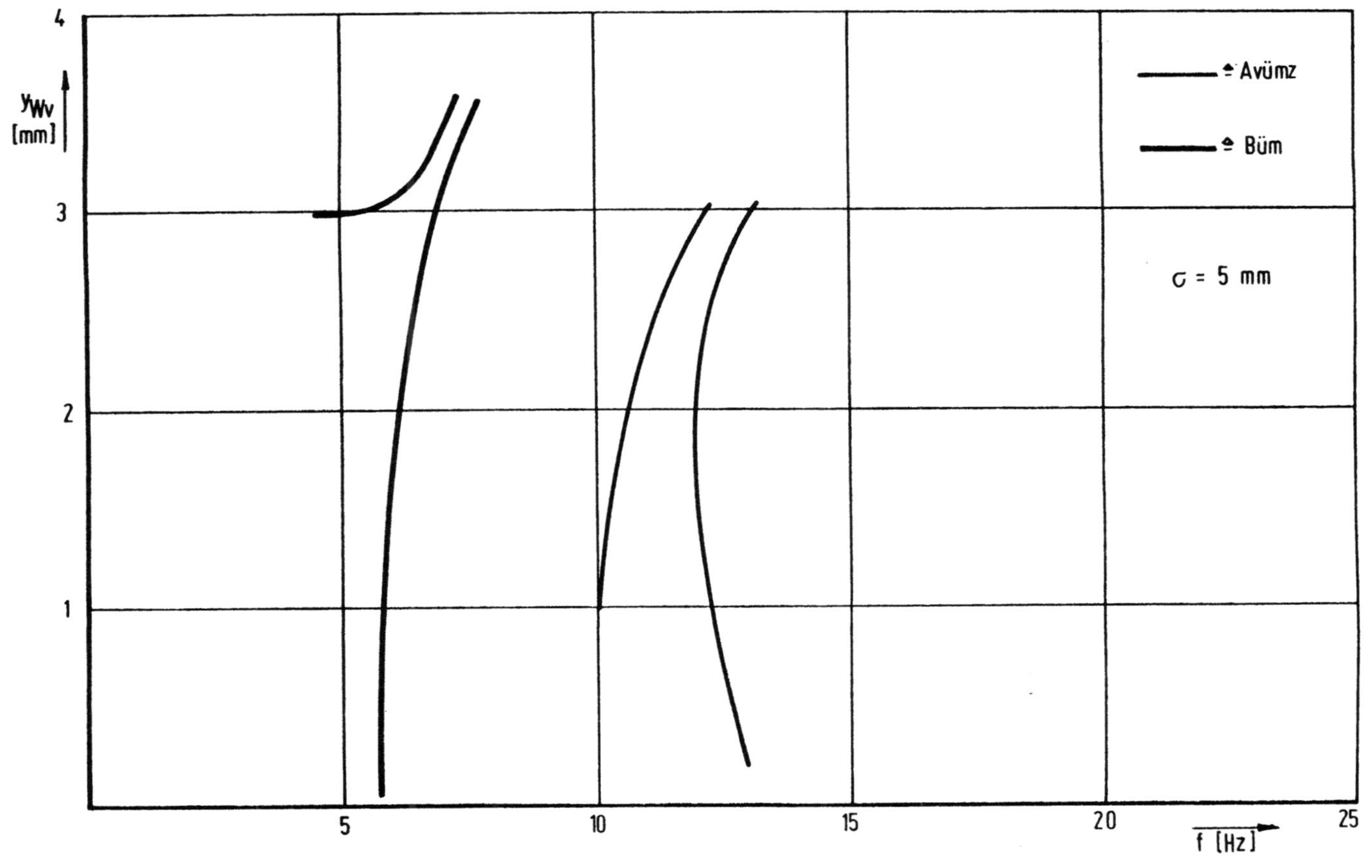

Bild 43: Amplitude der y_{Wv}-Bewegung über der Bauteilfrequenz

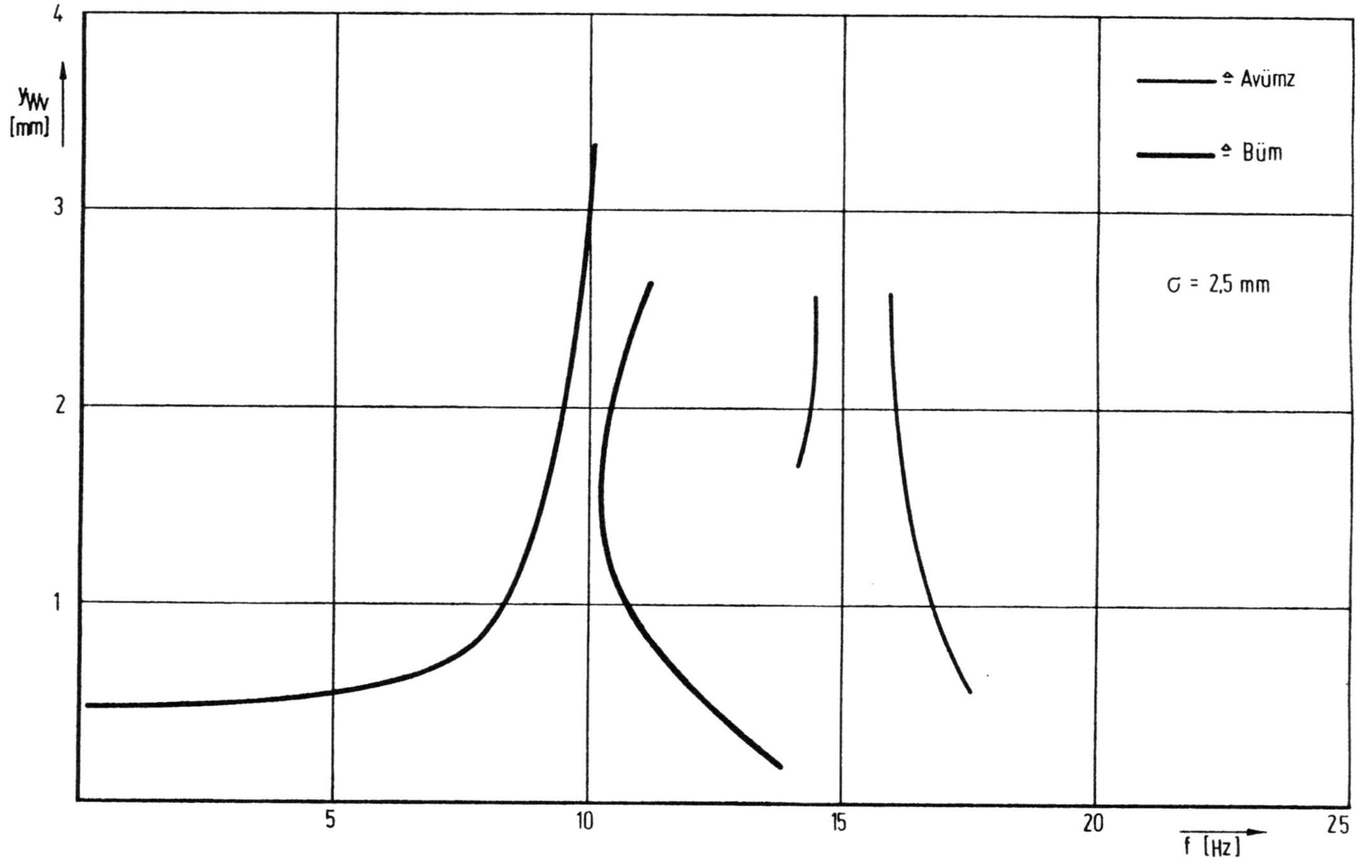

Bild 44: Amplitude der y_{Wv}-Bewegung über der Pauteilfrequenz

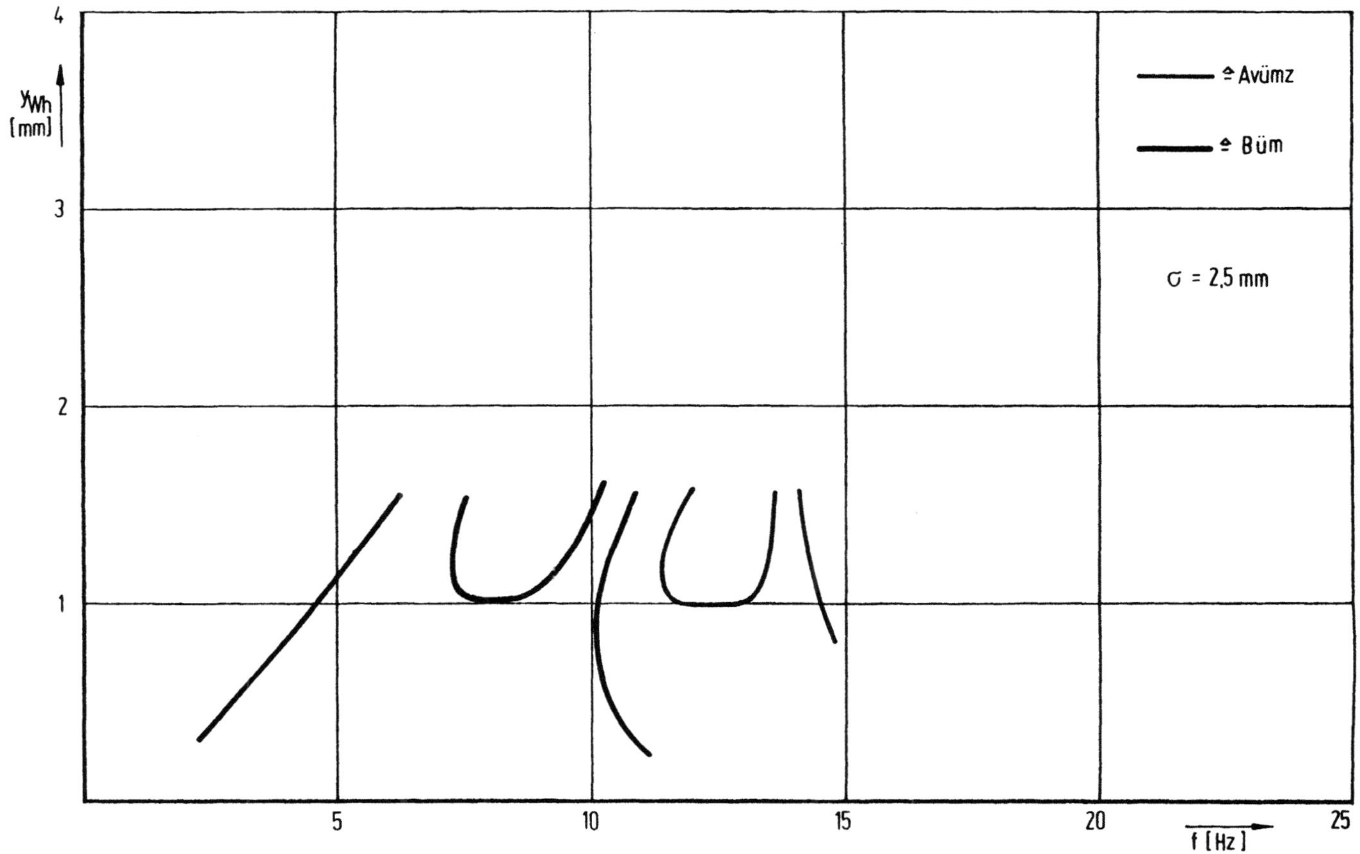

Bild 45: Amplitude der y_{Wh}-Bewegung über der Bauteilfrequenz

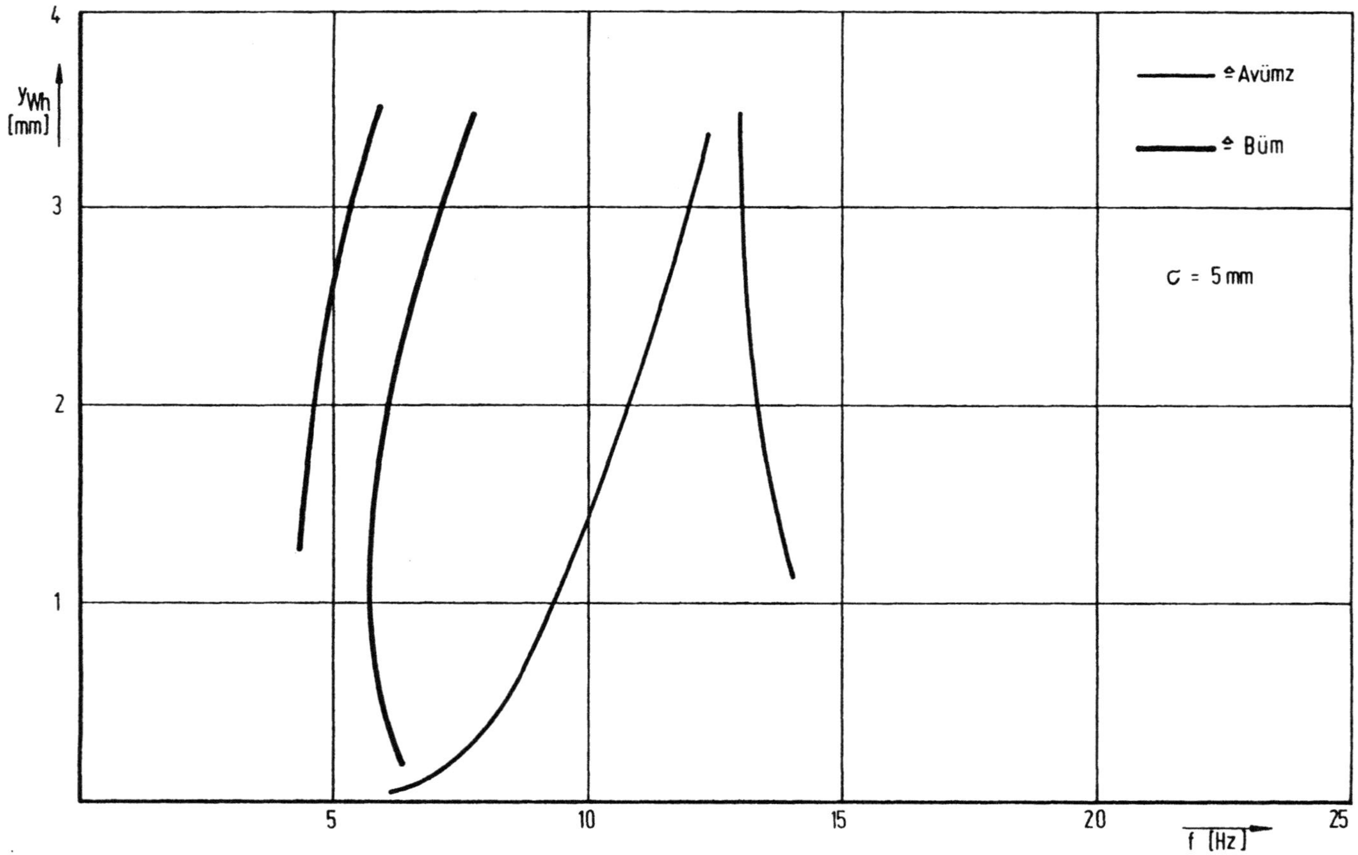

Bild 46: Amplitude der y_{Wh}-Bewegung über der Bauteilfrequenz

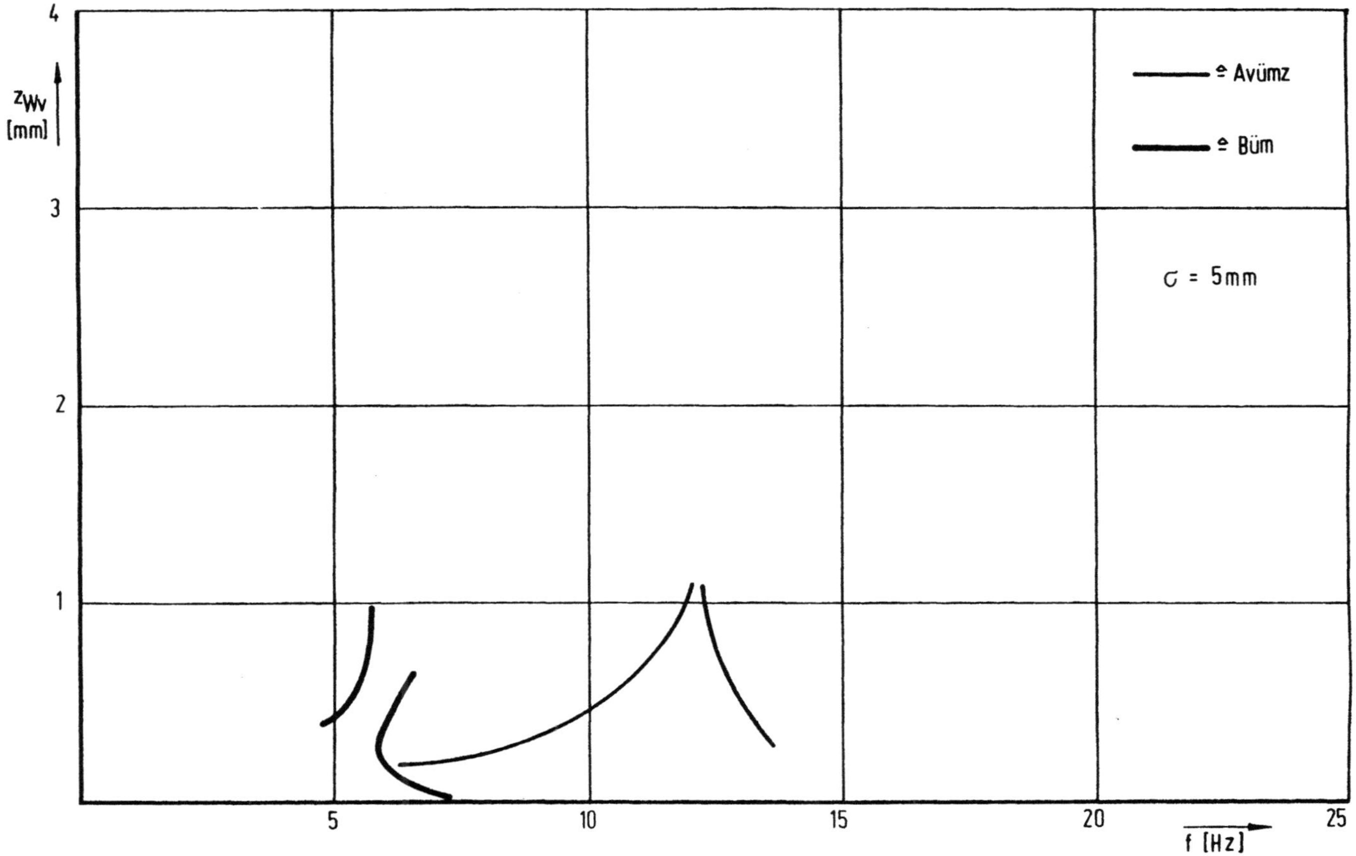

Bild 47: Amplitude der z_{Wv}-Bewegung über der Bauteilfrequenz

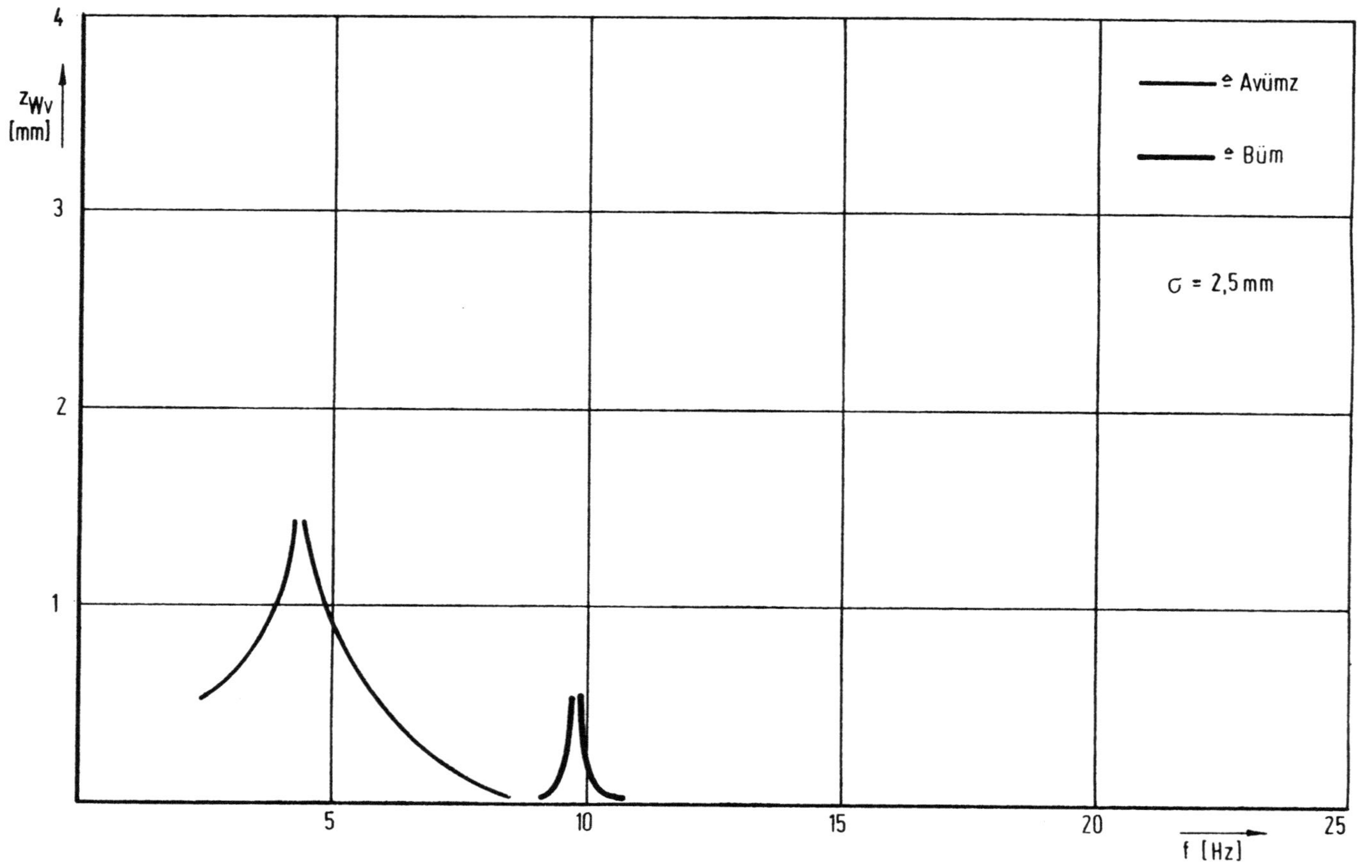

Bild 48: Amplitude der z_{Wv}-Bewegung über der Bauteilfrequenz

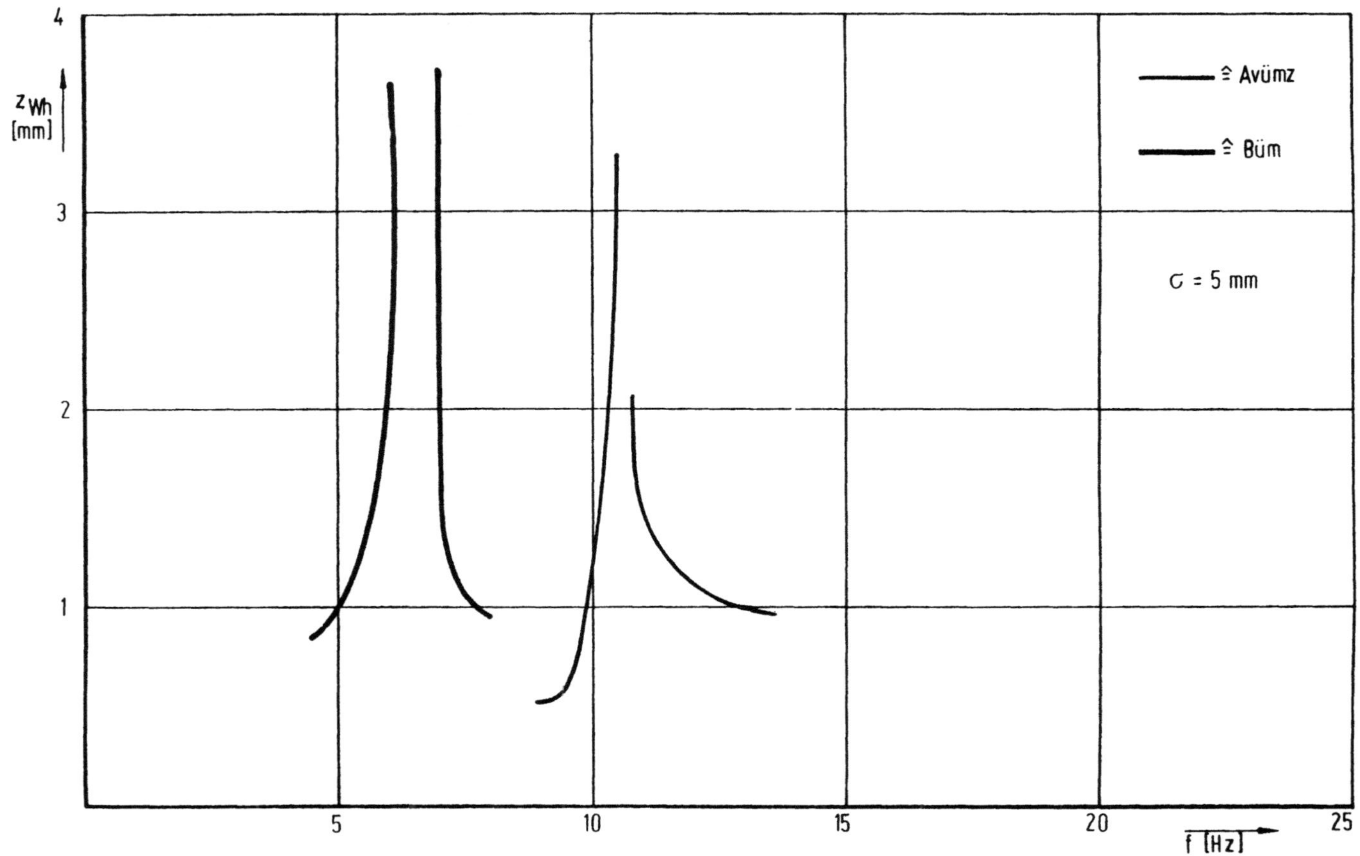

Bild 49: Amplitude der z_{Wh}-Bewegung über der Bauteilfrequenz

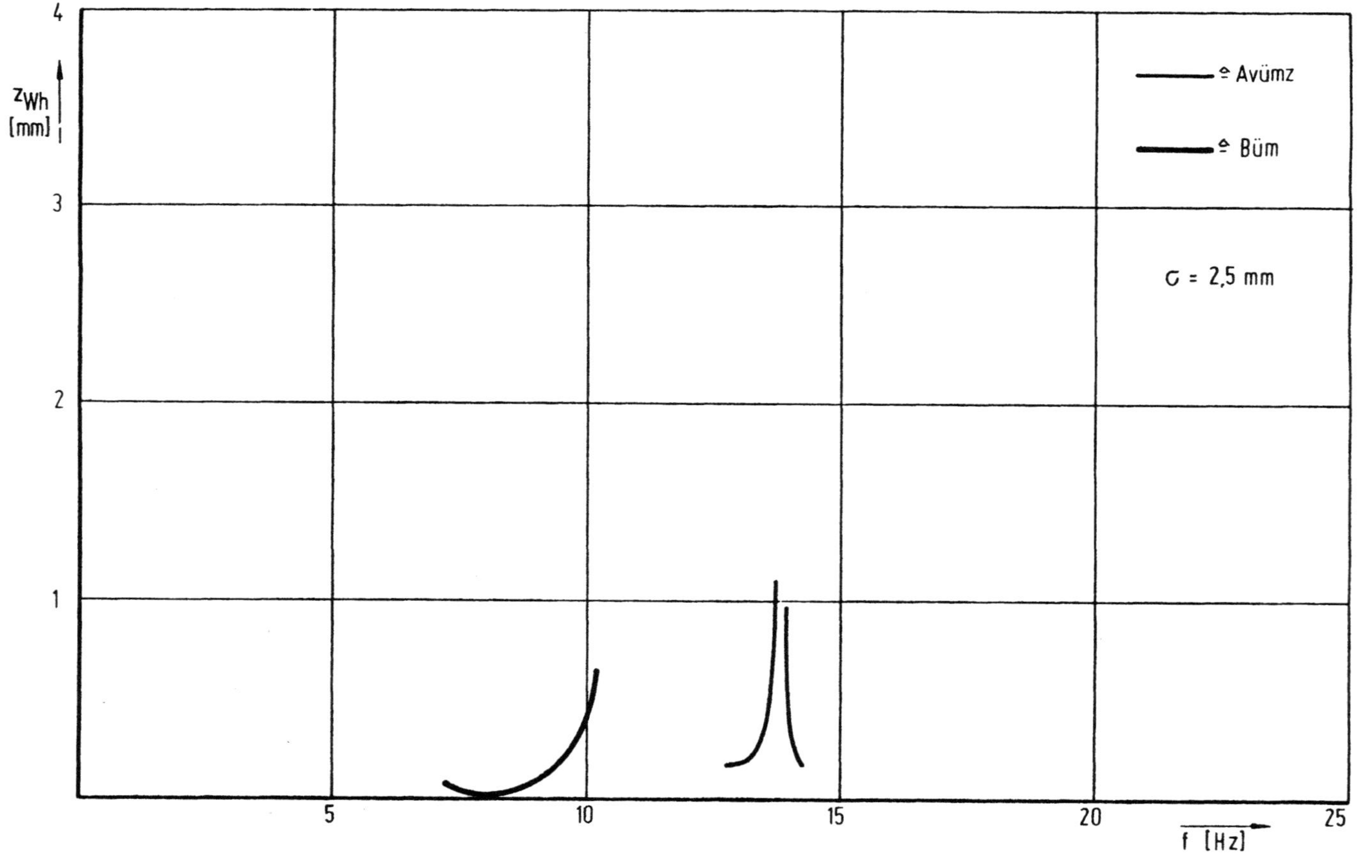

Bild 50: Amplitude der z_{Wh}-Bewegung über der Bauteilfrequenz

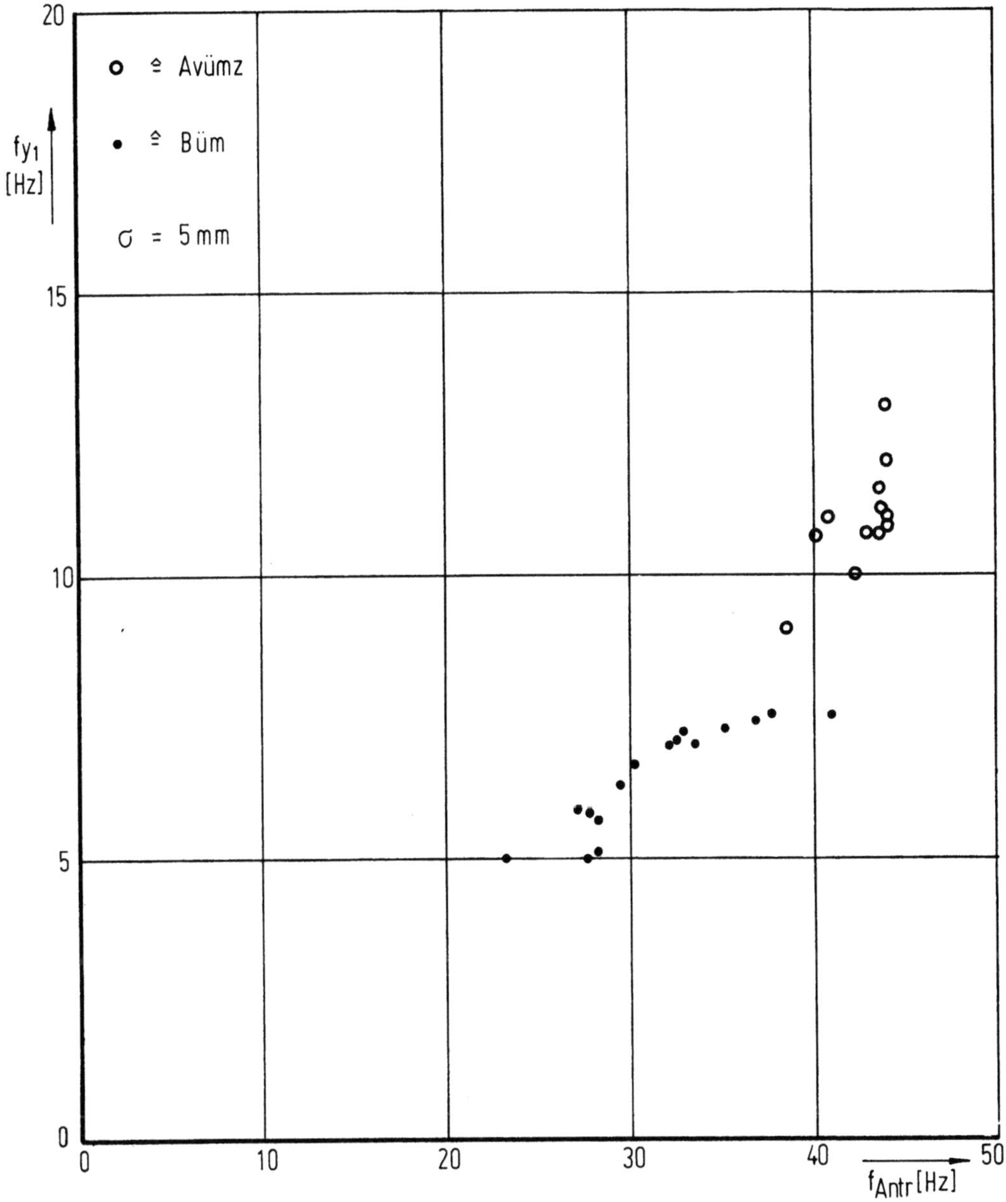

Bild 51: Bauteilfrequenz f_{y1} über der Antriebsfrequenz mit σ= 5 mm

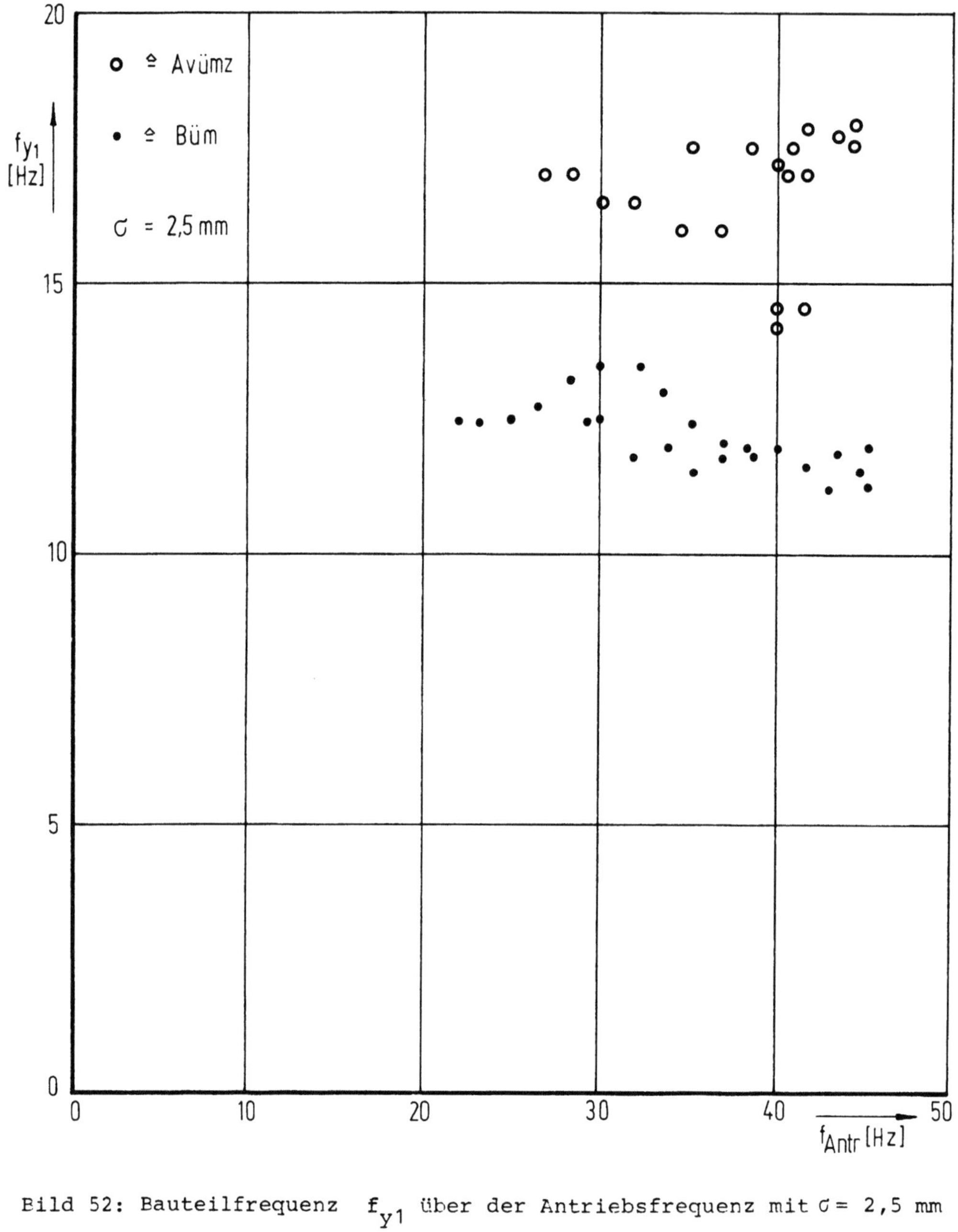

Bild 52: Bauteilfrequenz f_{y1} über der Antriebsfrequenz mit $\sigma = 2,5$ mm

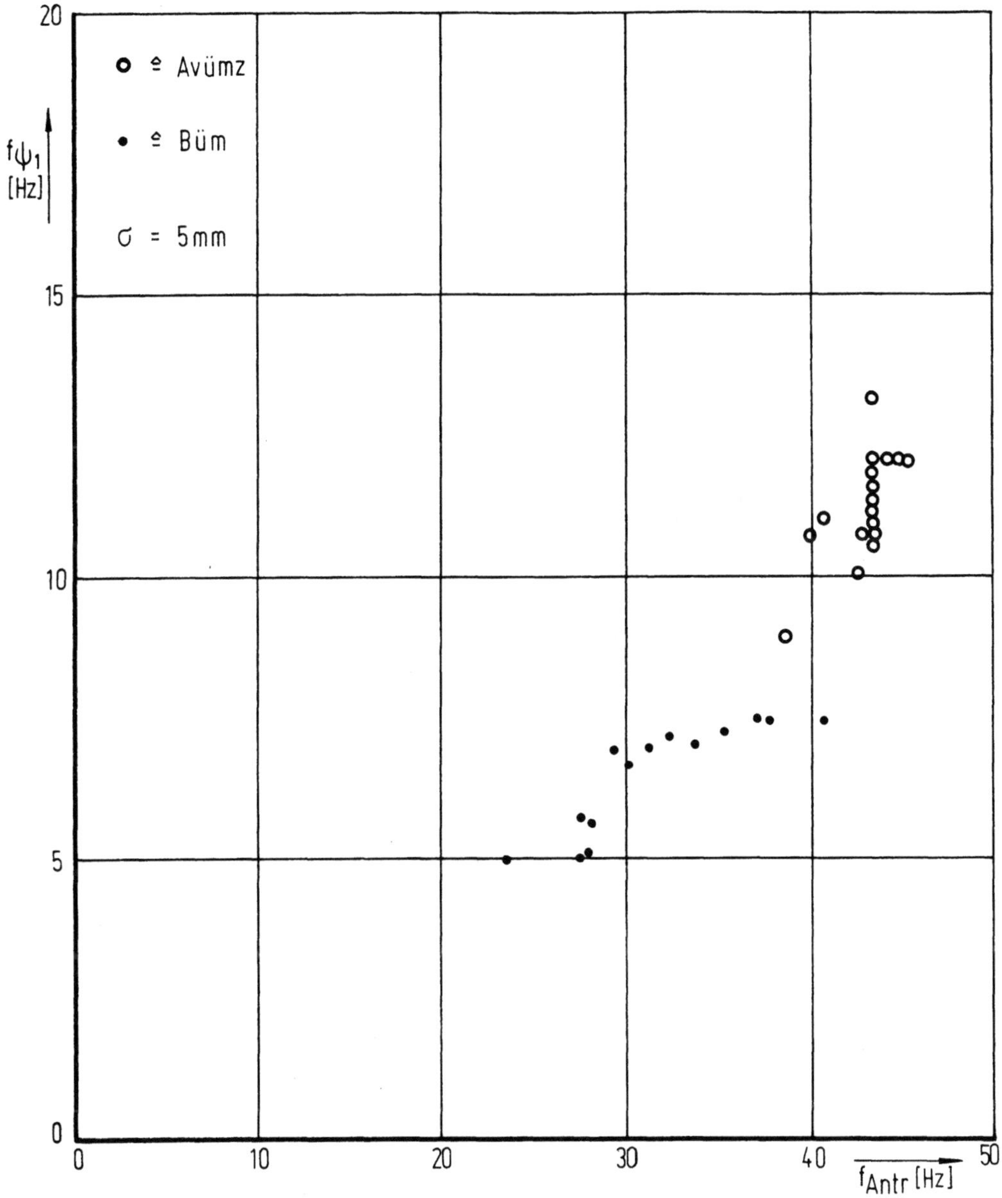

Bild 53: Bauteilfrequenz $f_{\psi 1}$ über der Antriebsfrequenz mit $\sigma = 5$ mm

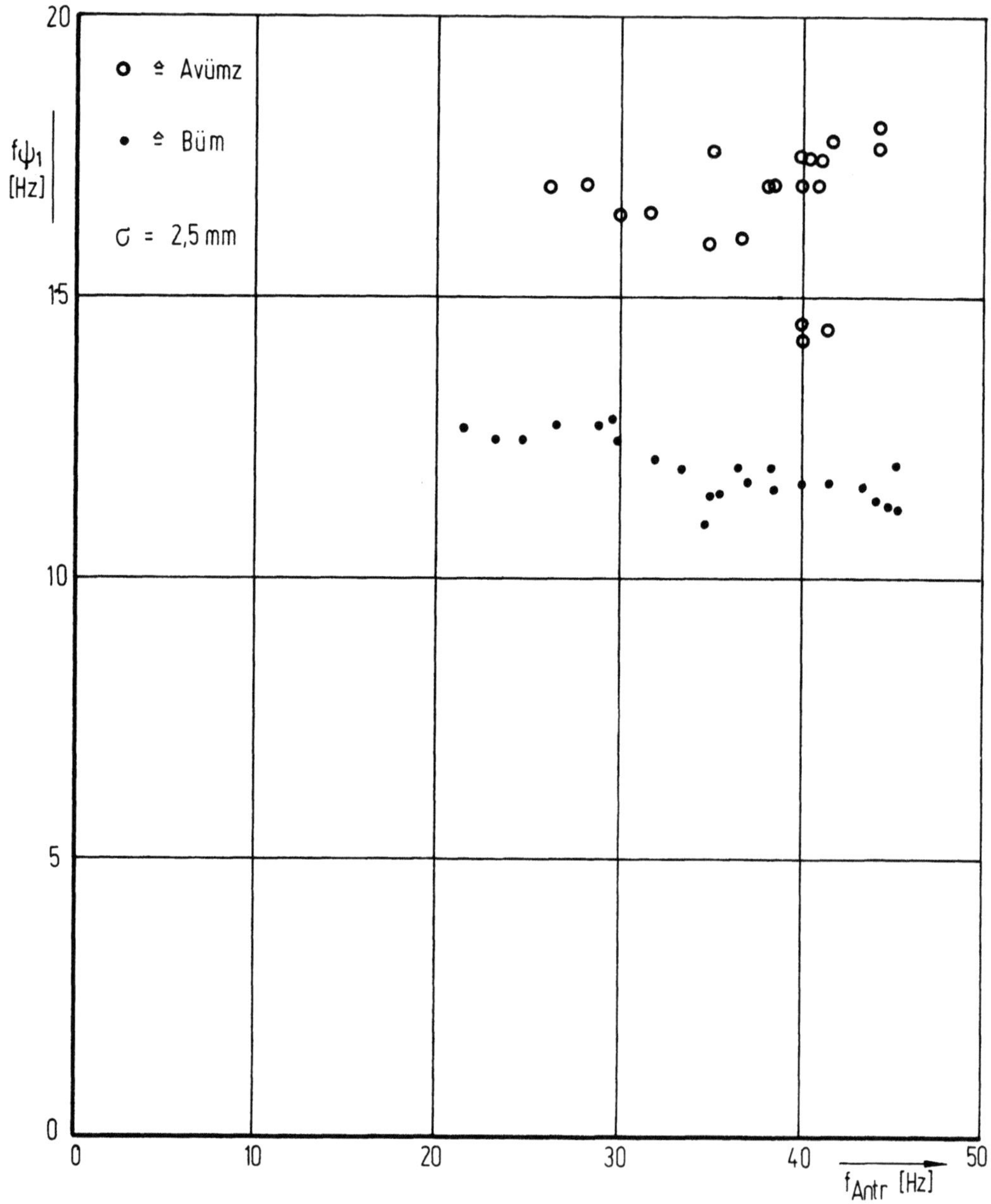

Bild 54: Bauteilfrequenz $f_{\psi 1}$ über der Antriebsfrequenz mit σ = 2,5 mm

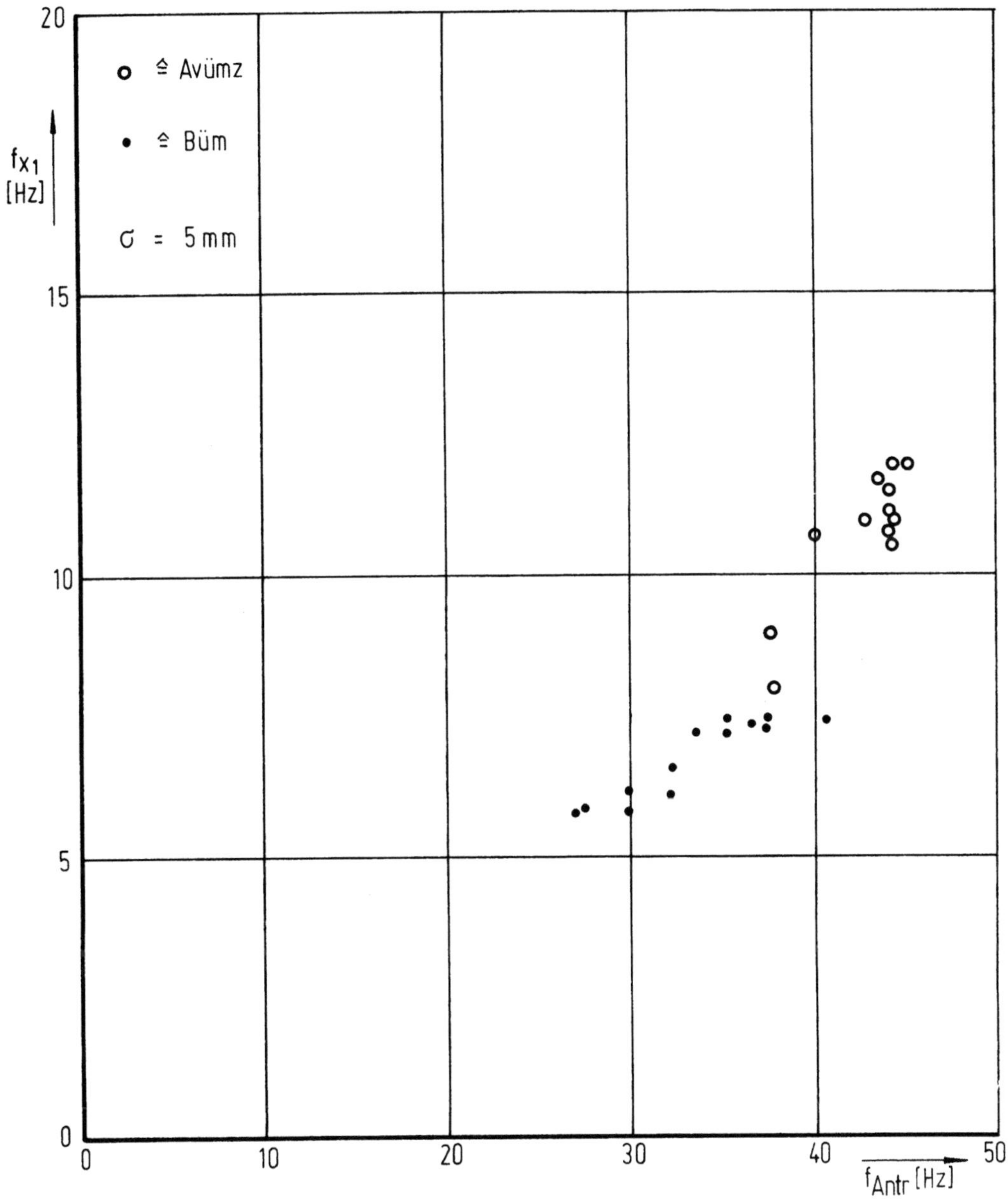

Bild 55: Bauteilfrequenz f_{x1} über der Antriebsfrequenz mit σ = 5 mm

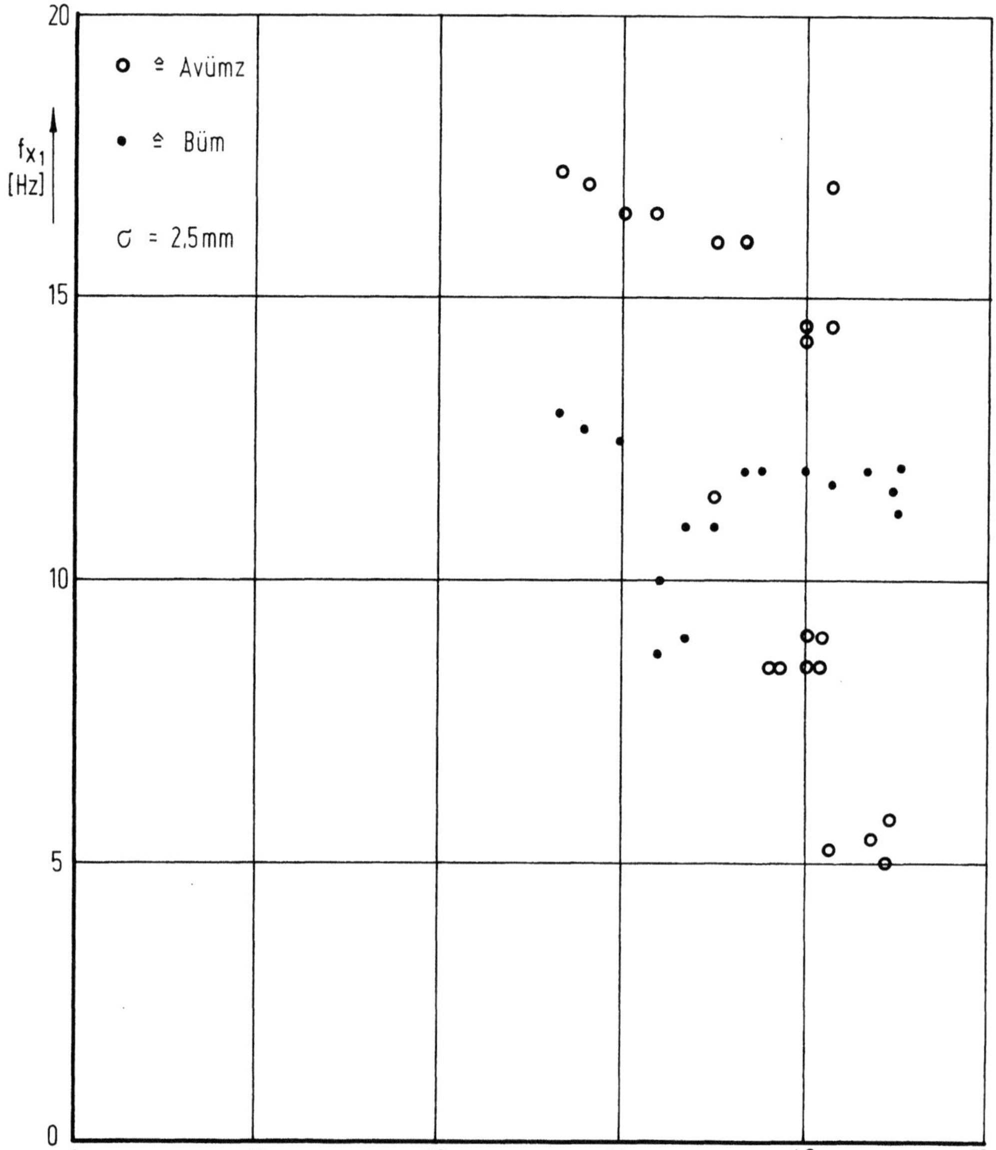

Bild 56: Bauteilfrequenz f_{x1} über der Antriebsfrequenz mit $\sigma = 2{,}5$ mm

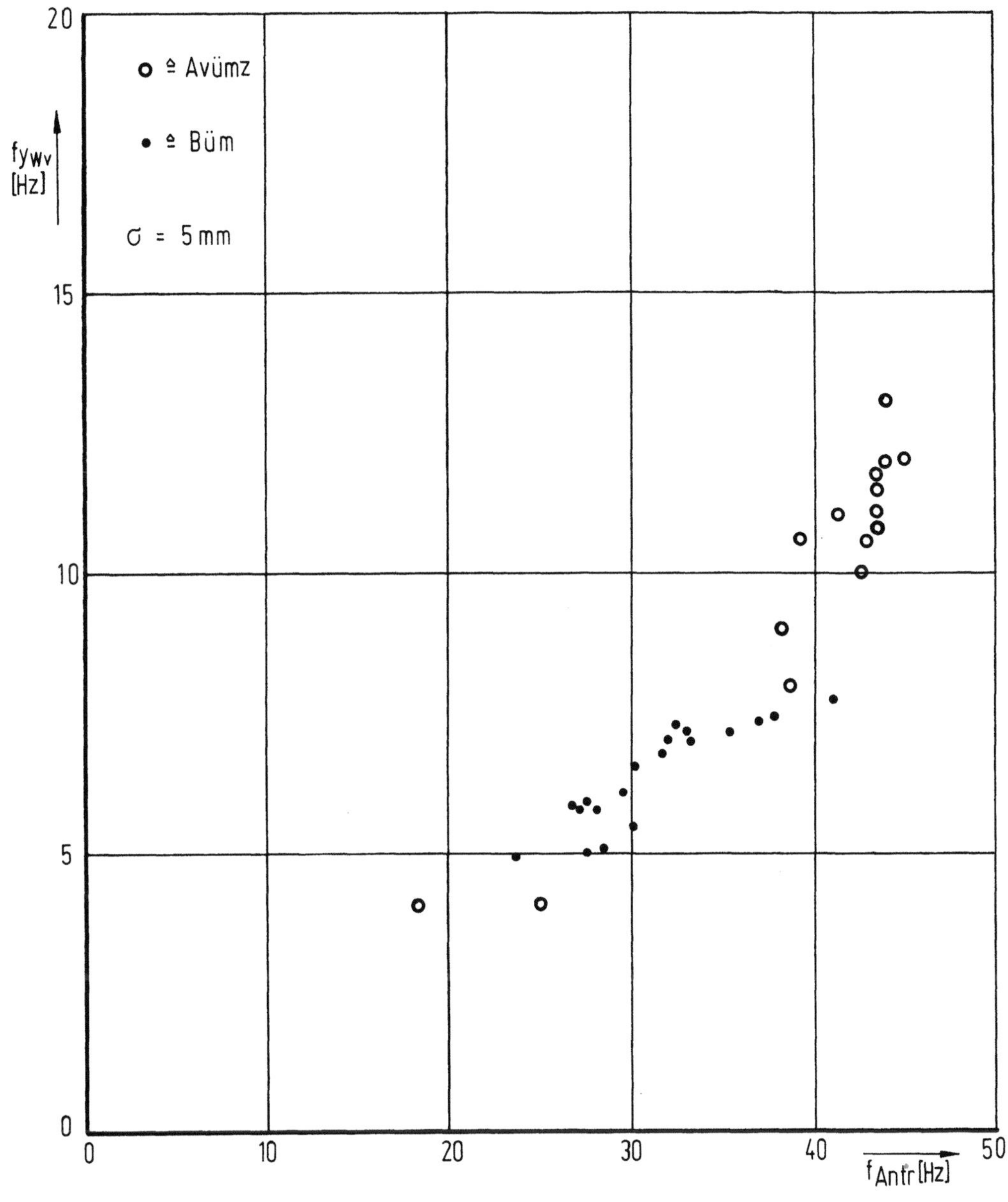

Bild 57: Bauteilfrequenz f_{yWv} über der Antriebsfrequenz mit σ = 5 mm

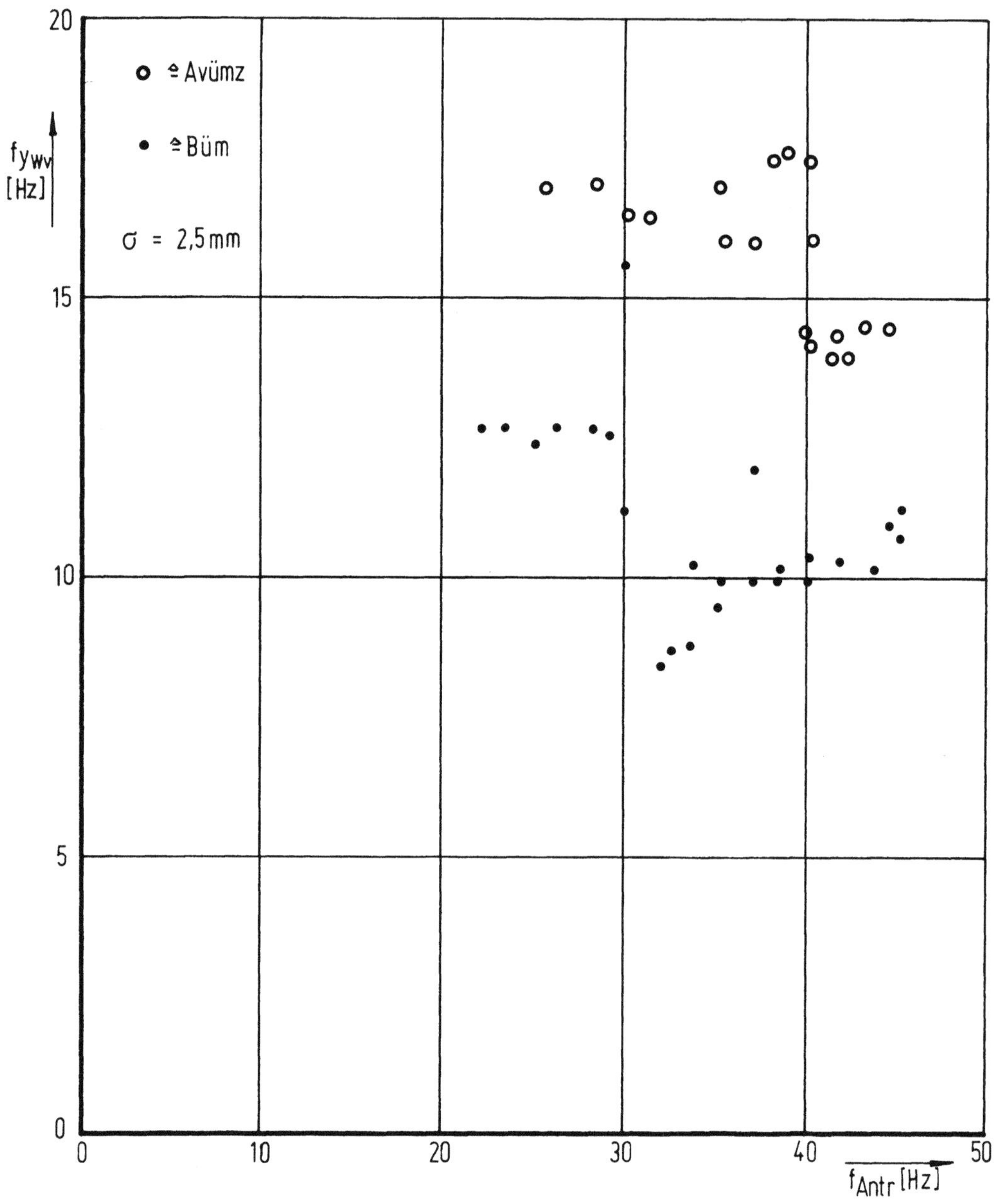

Bild 58: Bauteilfrequenz f_{yWv} über der Antriebsfrequenz mit σ = 2,5 mm

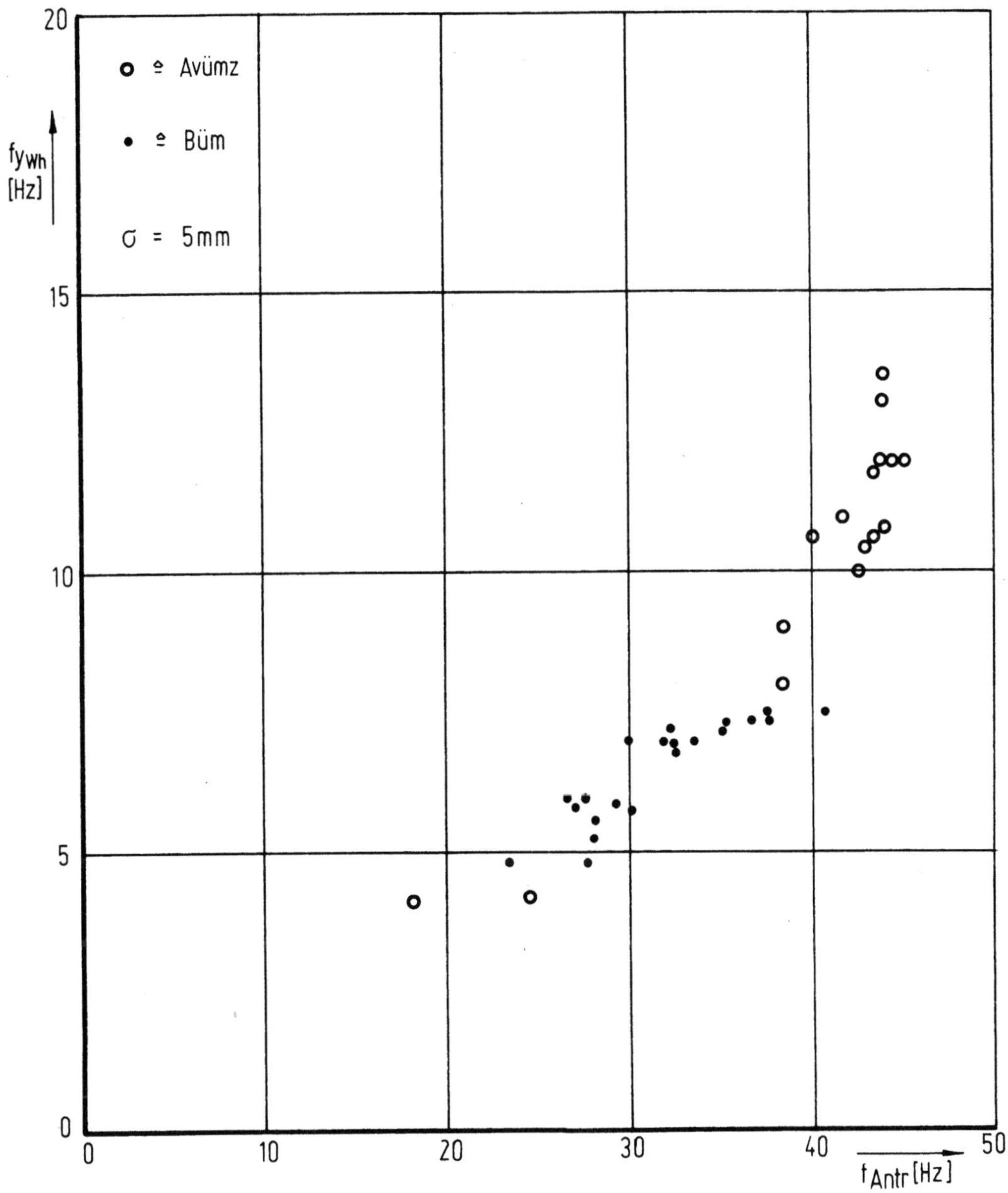

Bild 59: Bauteilfrequenz f_{yWh} über der Antriebsfrequenz mit σ = 5 mm

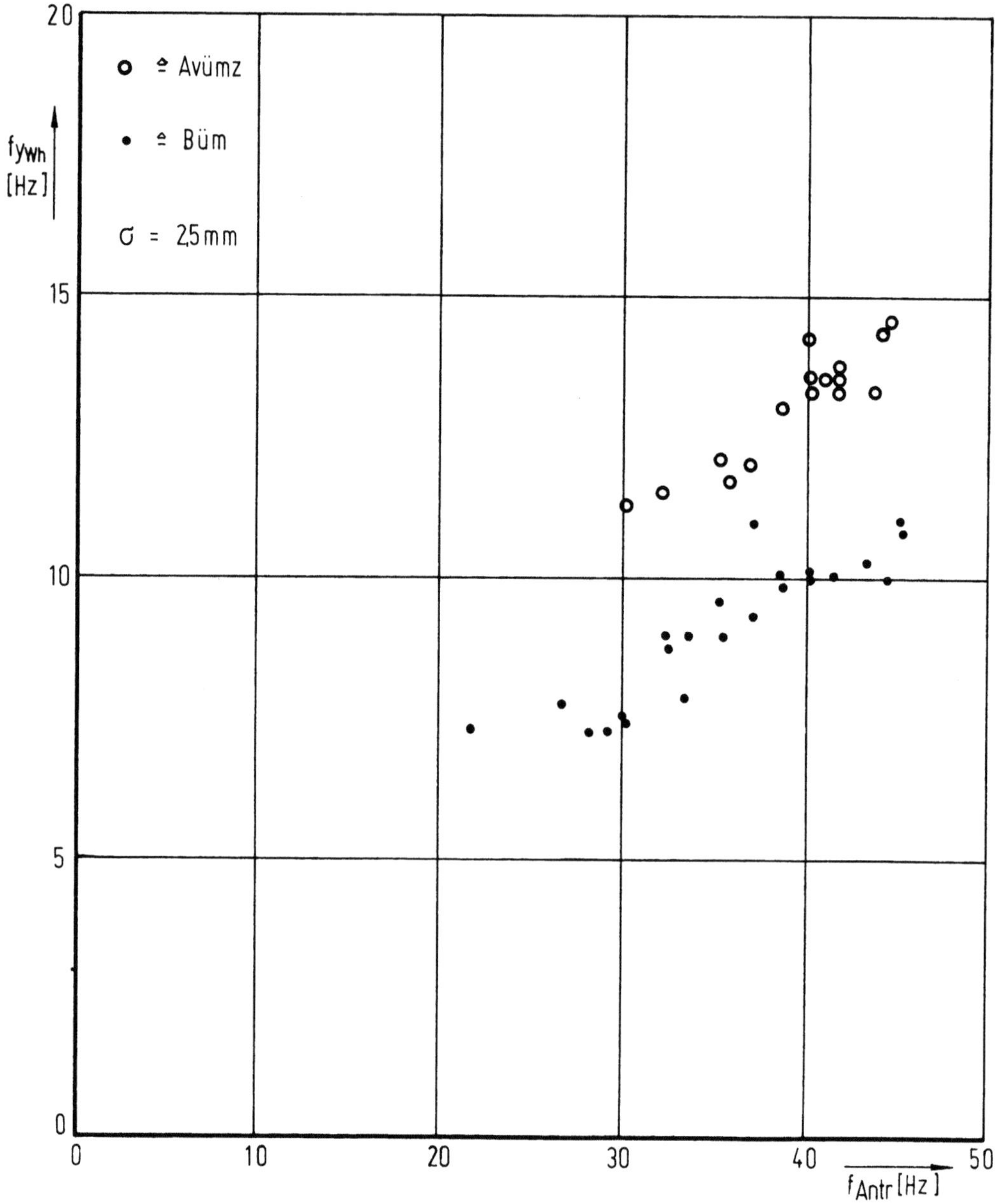

Bild 60: Bauteilfrequenz f_{yWh} über der Antriebsfrequenz mit $\sigma = 2{,}5$ mm

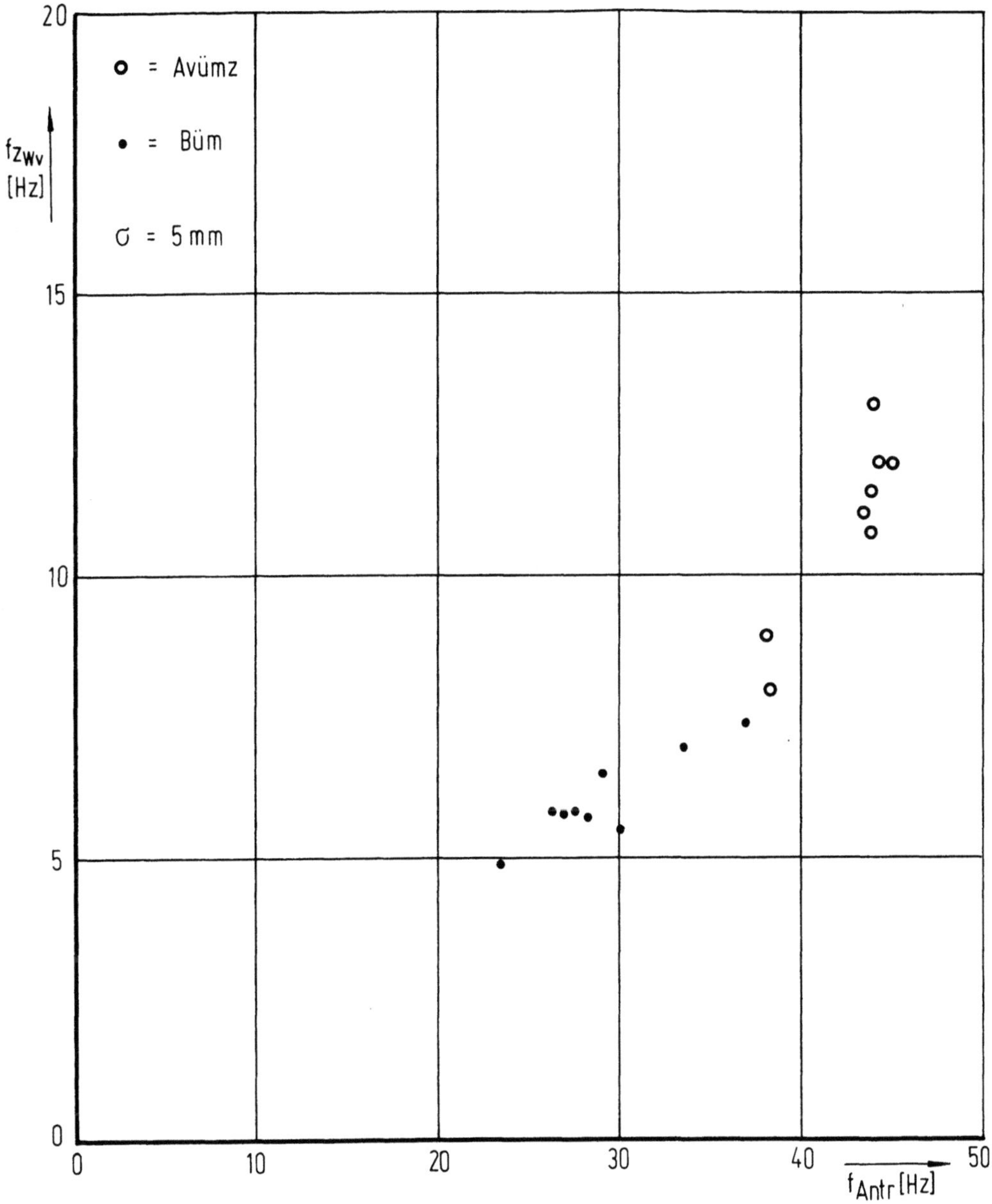

Bild 61: Bauteilfrequenz f_{zWv} über der Antriebsfrequenz mit σ = 5 mm

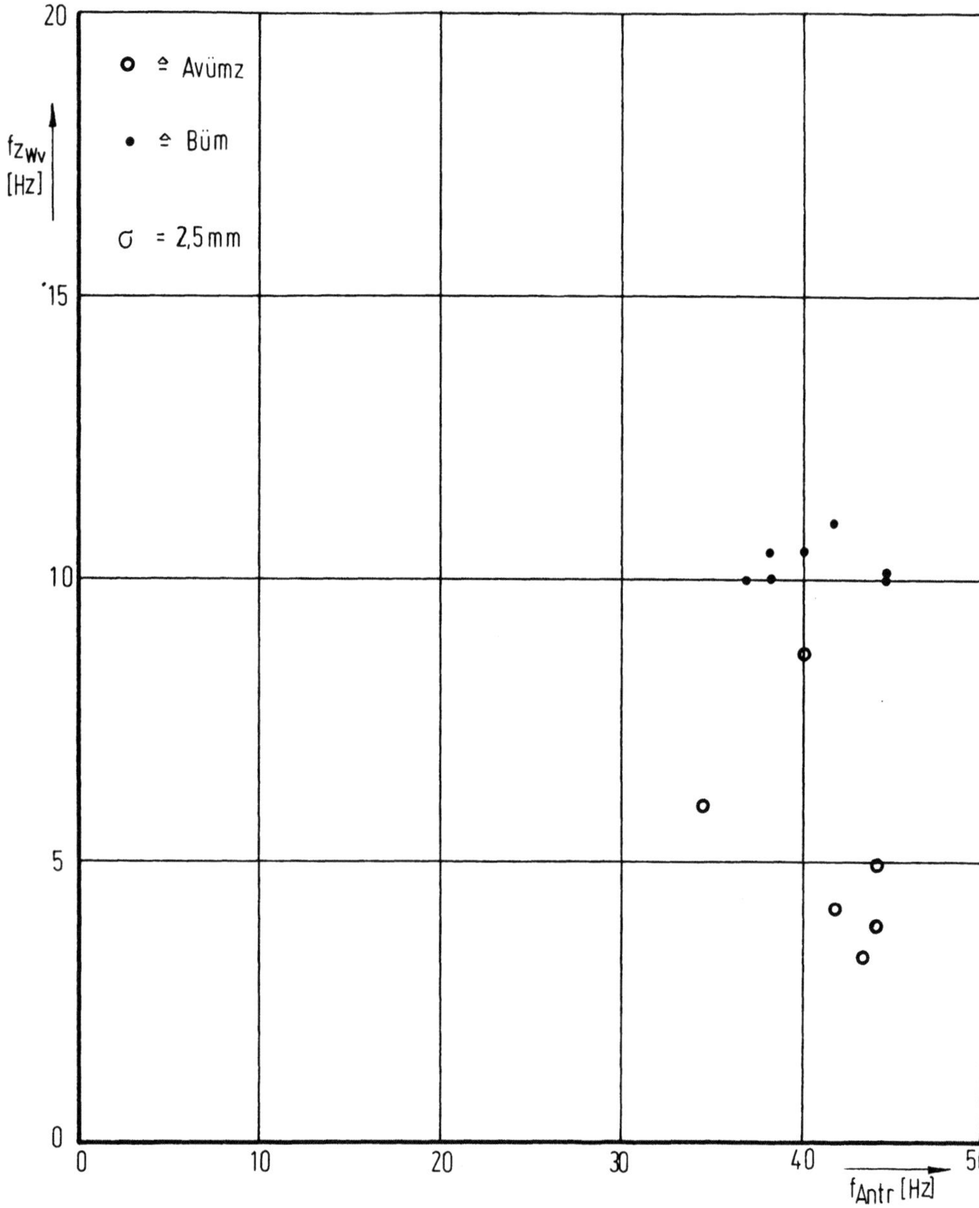

Bild 62: Bauteilfrequenz f_{zWv} über der Antriebsfrequenz mit σ = 2,5 mm

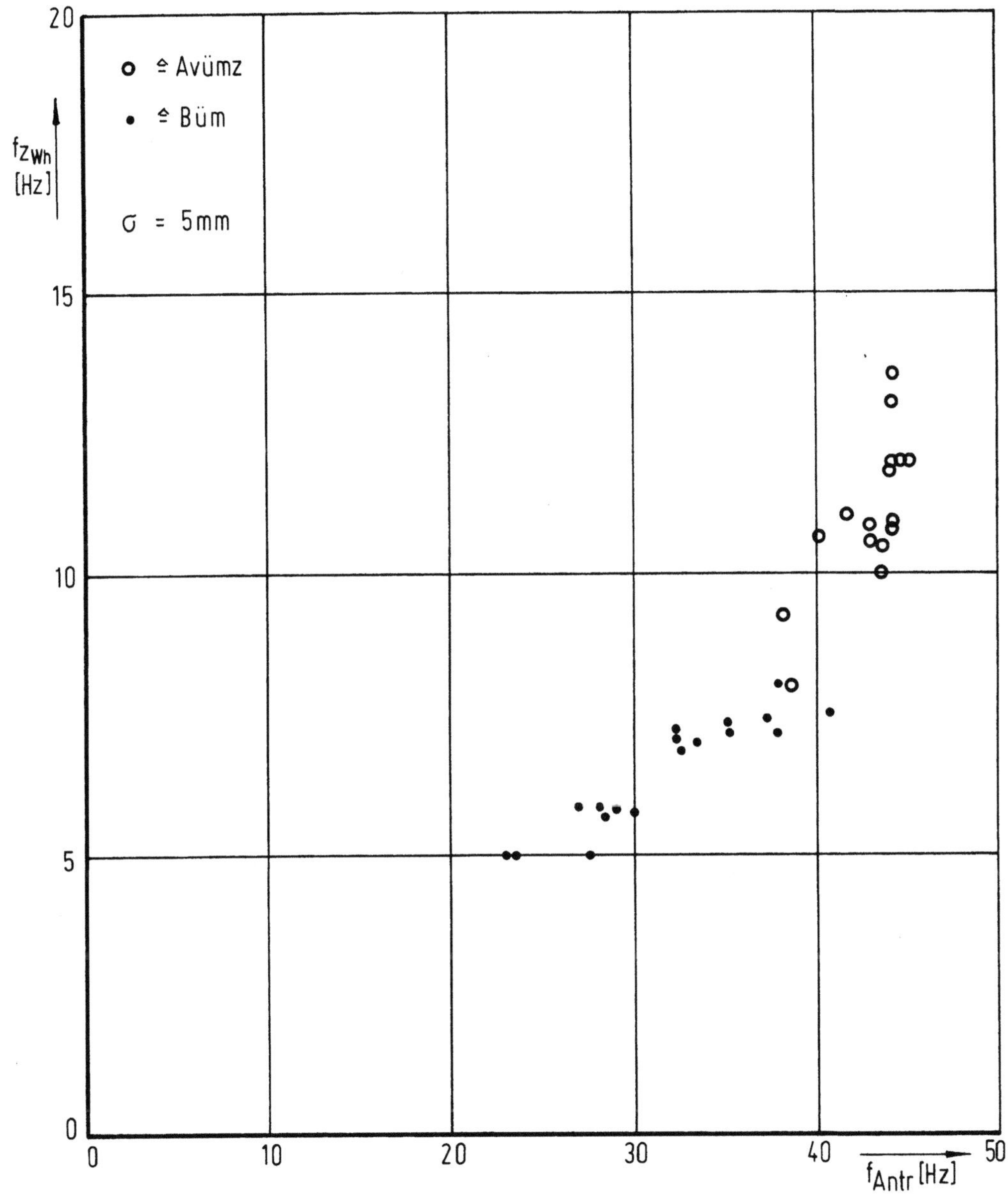

Bild 63: Bauteilfrequenz f_{zWh} über der Antriebsfrequenz mit σ = 5 mm

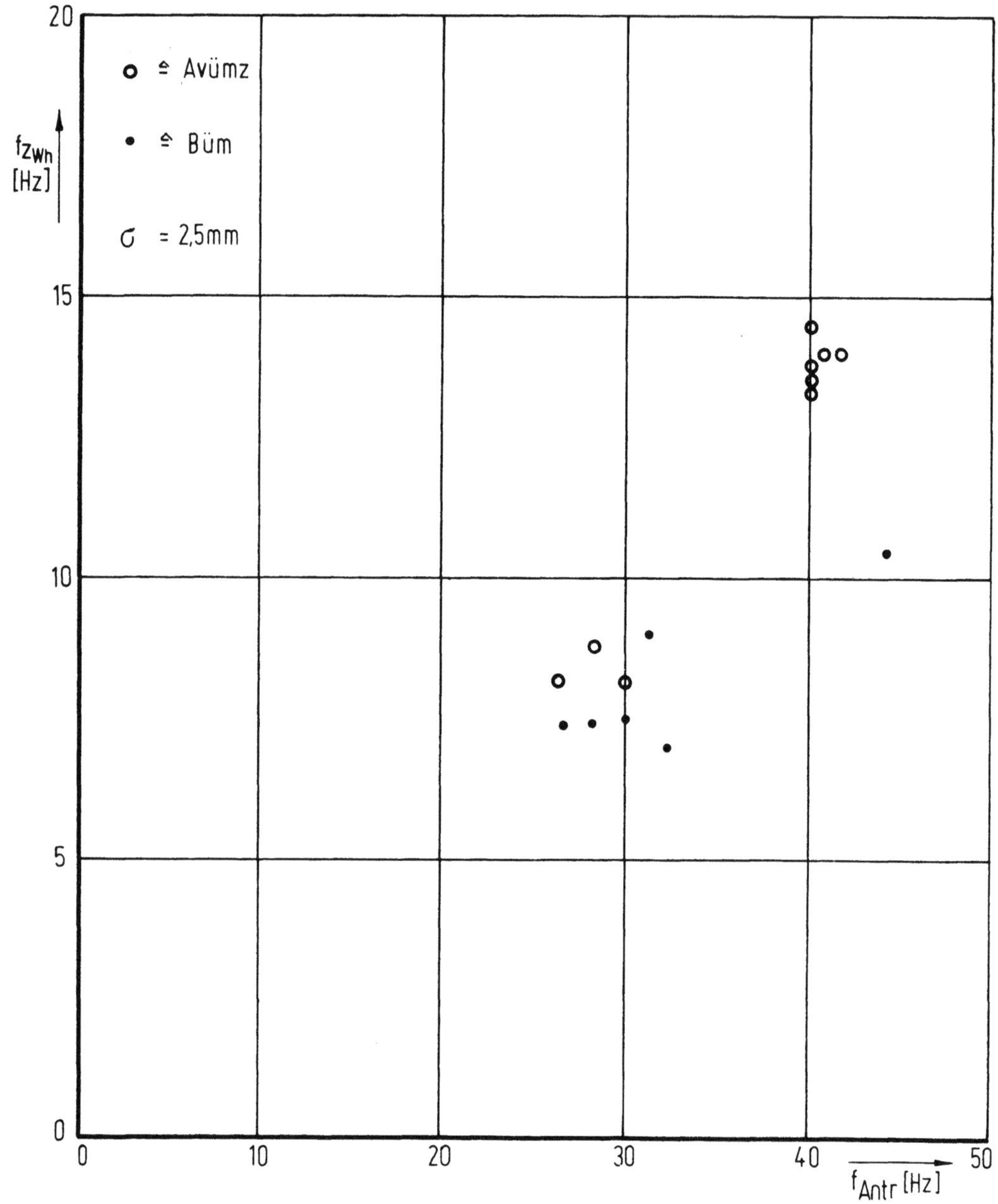

Bild 64: Bauteilfrequenz f_{zWh} über der Antriebsfrequenz mit σ = 2,5 mm

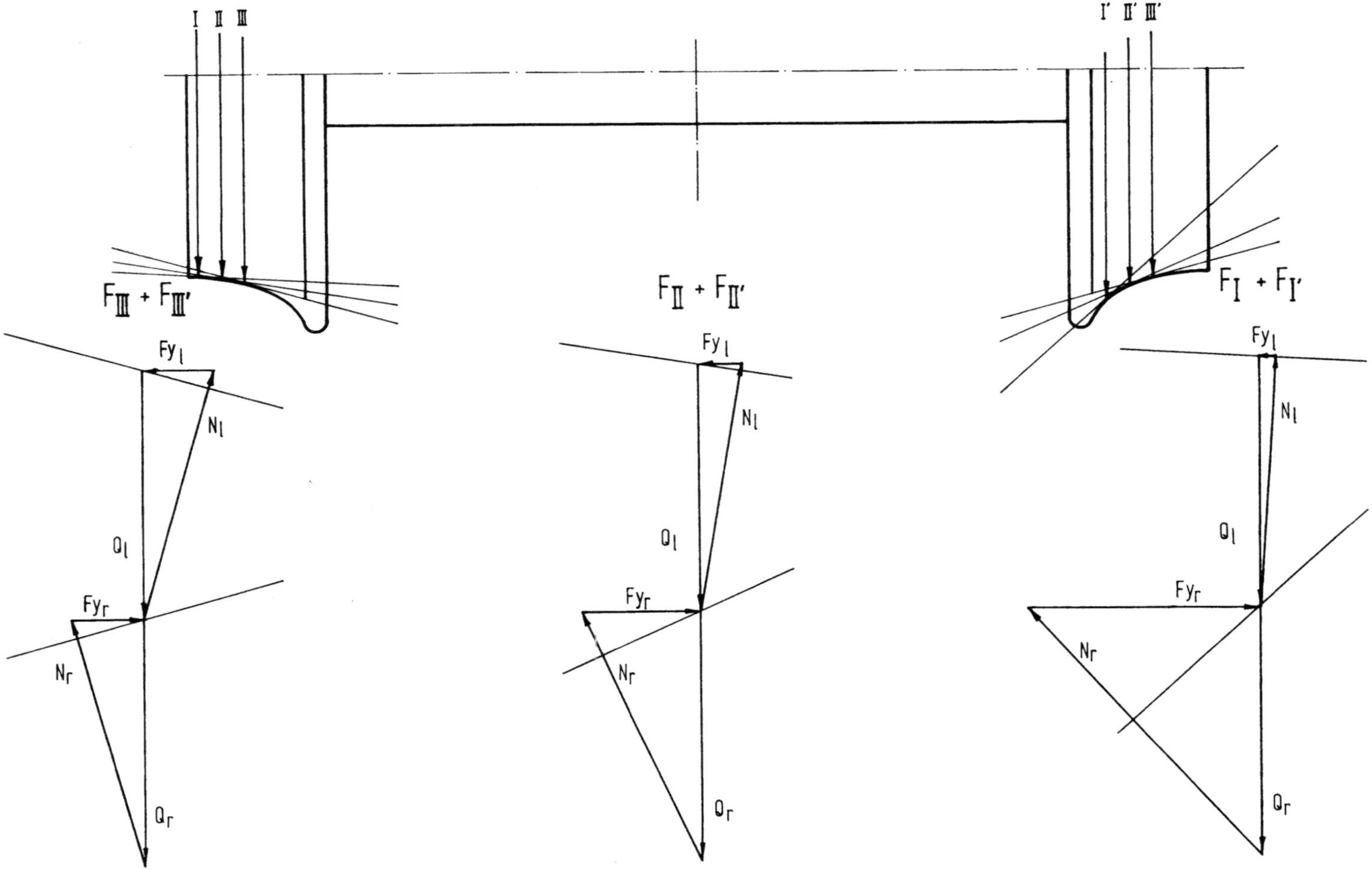

Bild 65: Kräfte in den Radaufstandspunkten (ohne Reibung)und resultierende y-Kraft F_{yr}

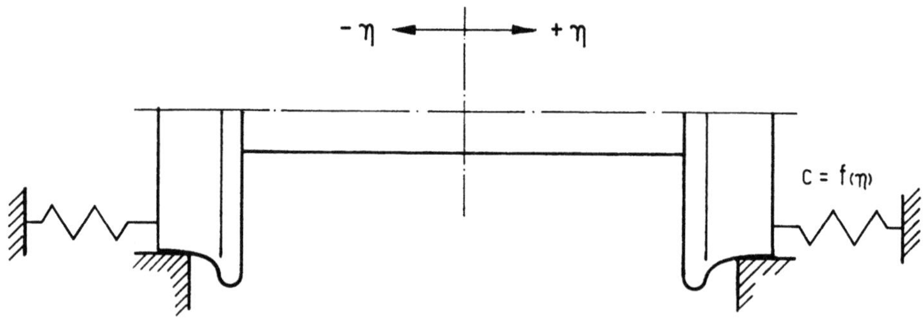

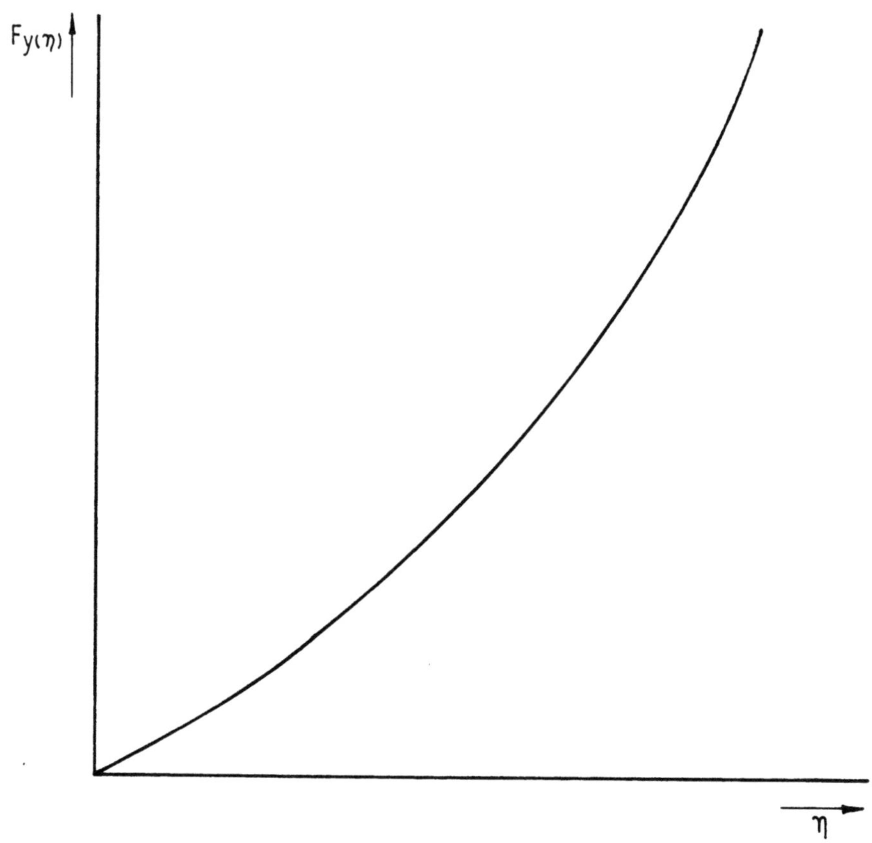

Bild 66: Ersatzsystem der rückstellenden Kräfte und prinzipieller Verlauf der Kennung der Ersatzfeder

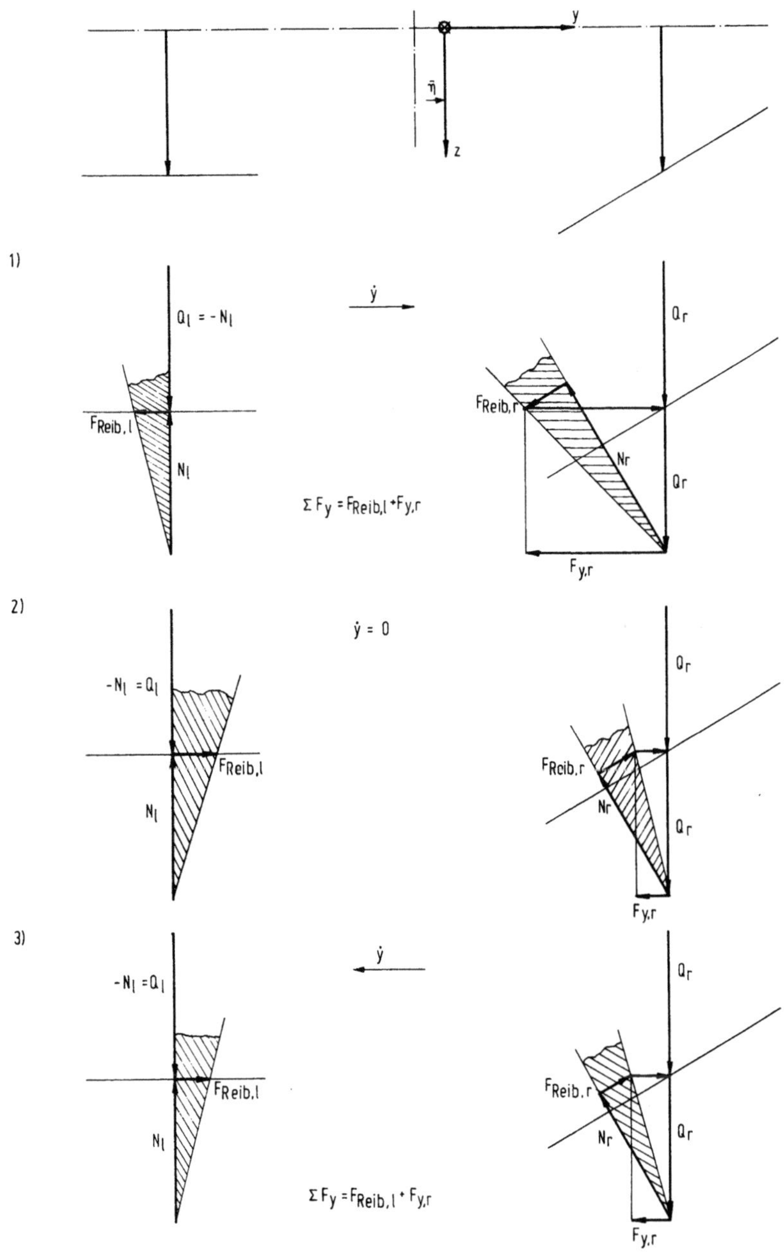

Bild 67: Verhältnisse der Kräfte im Radaufstandspunkt für:
1. in + y-Richtung gleitenden, 2. ruhenden und
3. in - y-Richtung gleitenden Radsatz

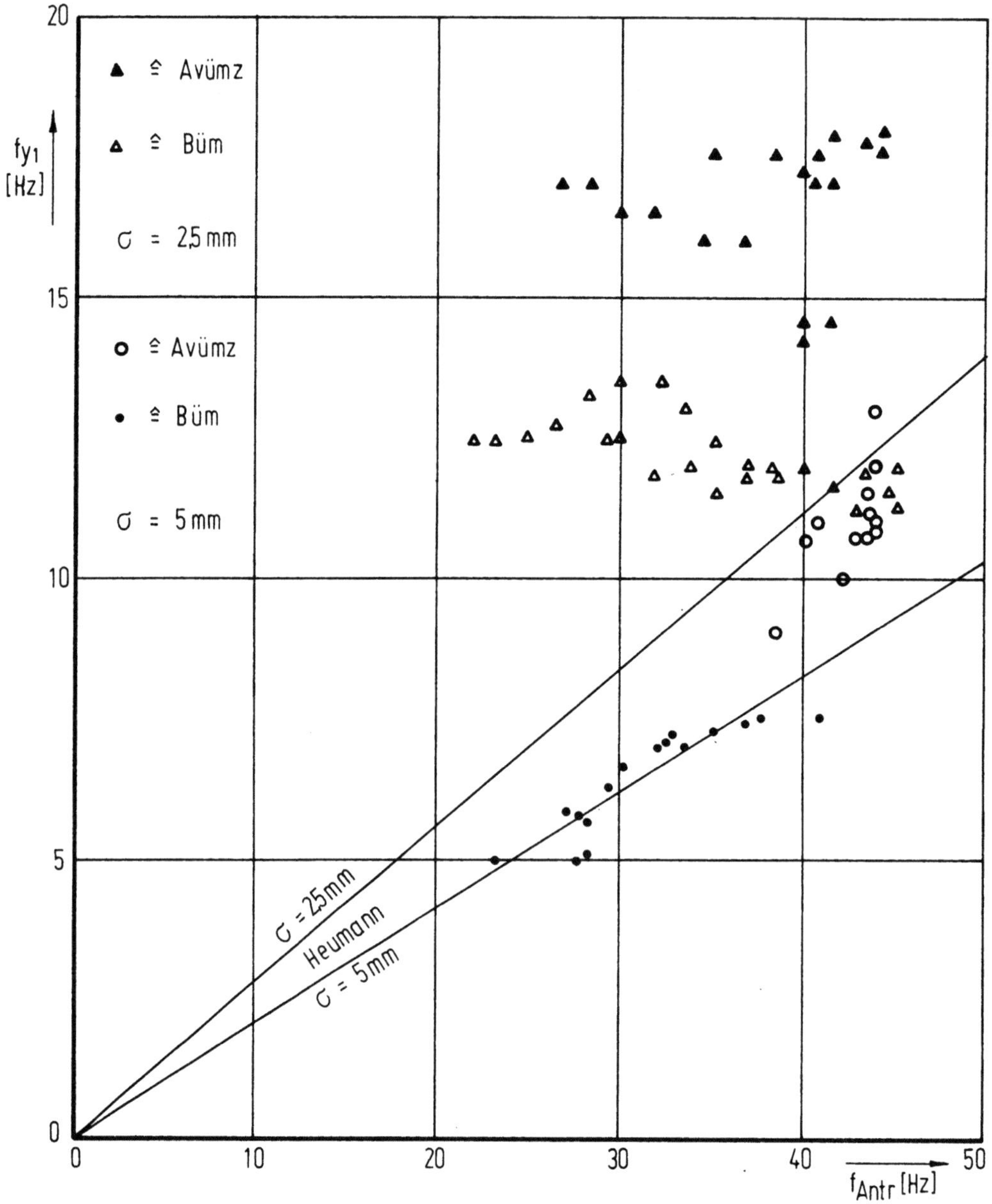

Bild 68: Frequenzen f_y aufgetragen über der Antriebsfrequenz in Abhängigkeit vom Spurspiel

Geraden nach Heumann

Punkte am Modell gemessen

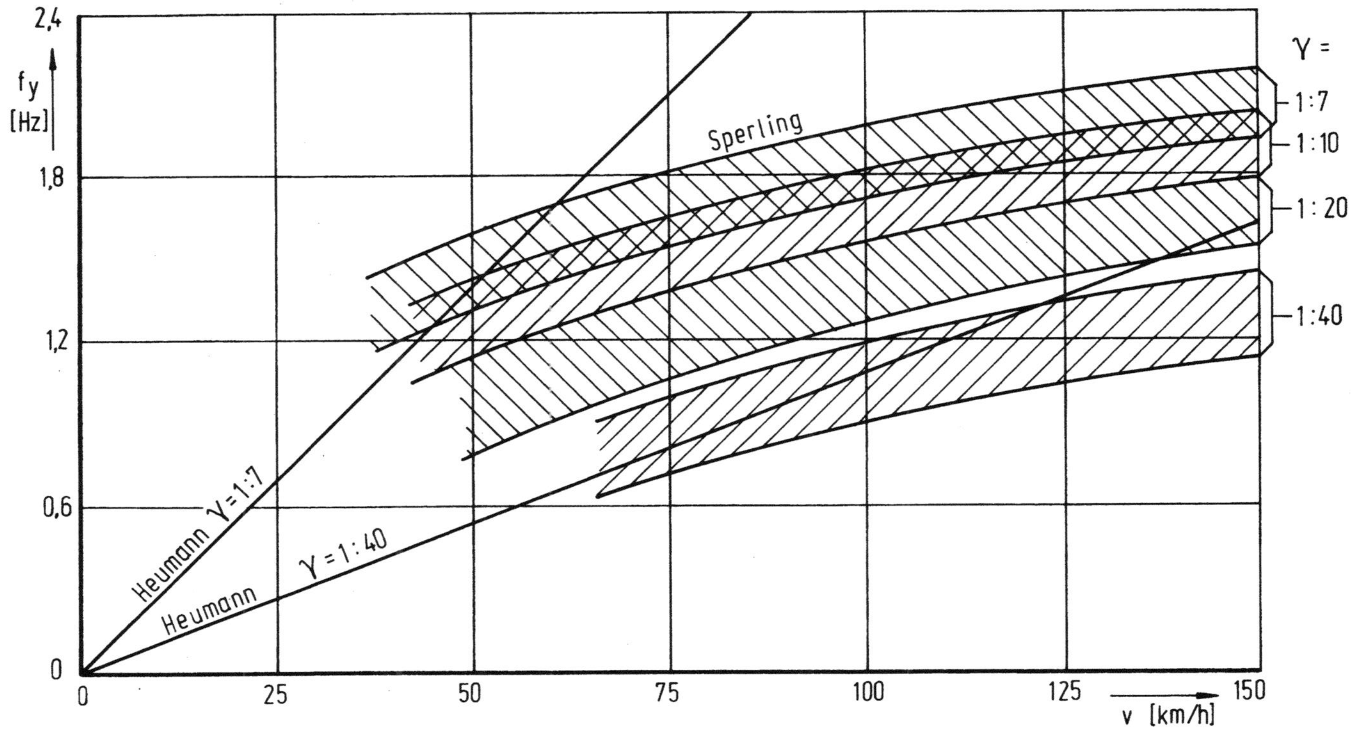

Bild 69: Nach Heumann berechnete und von Sperling gemessene Frequenzen, abhängig von der Fahrgeschwindigkeit

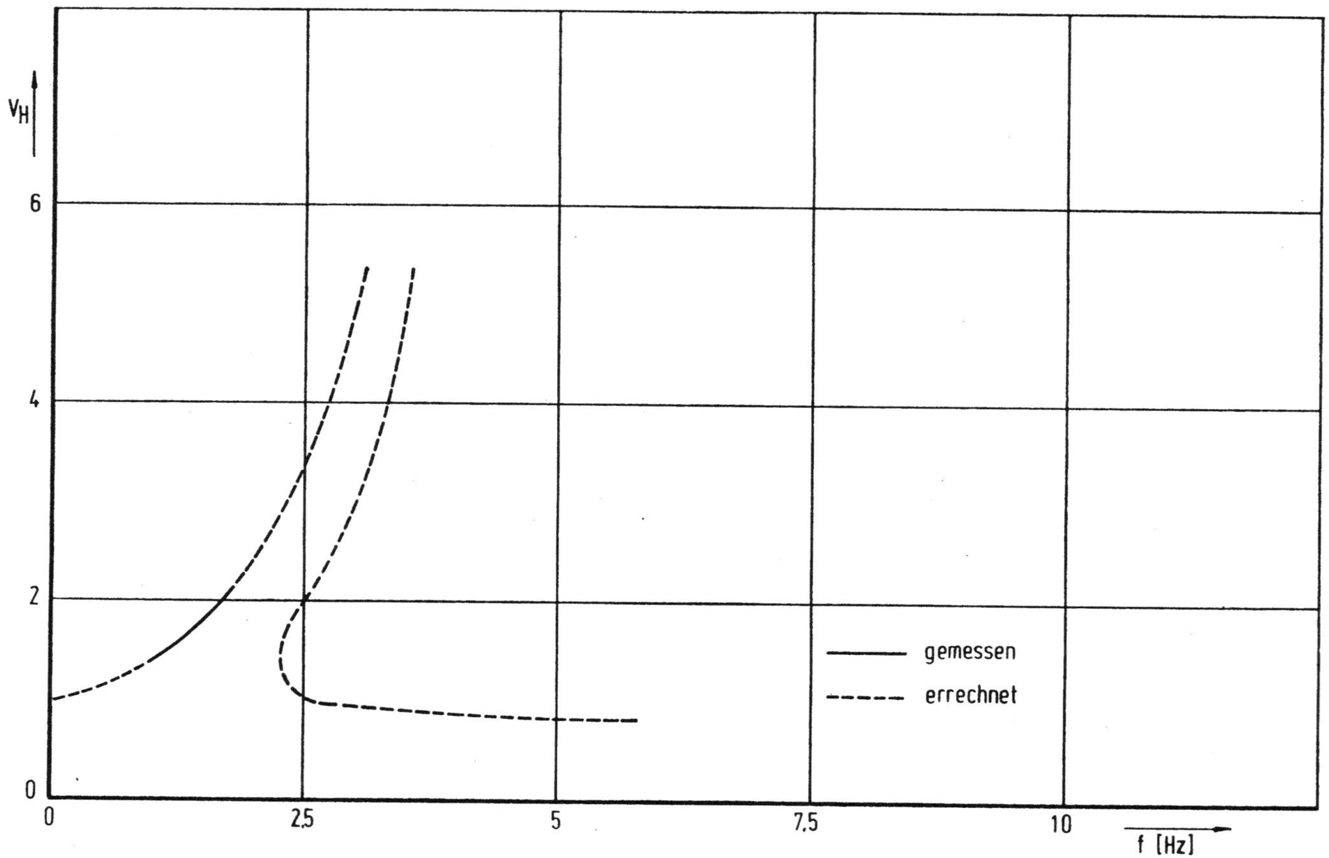

Bild 70: Vergrößerungsfunktion der ψ-Bewegung eines mit nichtlinearen Federn ausgerüsteten Güterwagens über der Erregerfrequenz nach Sperling /22/

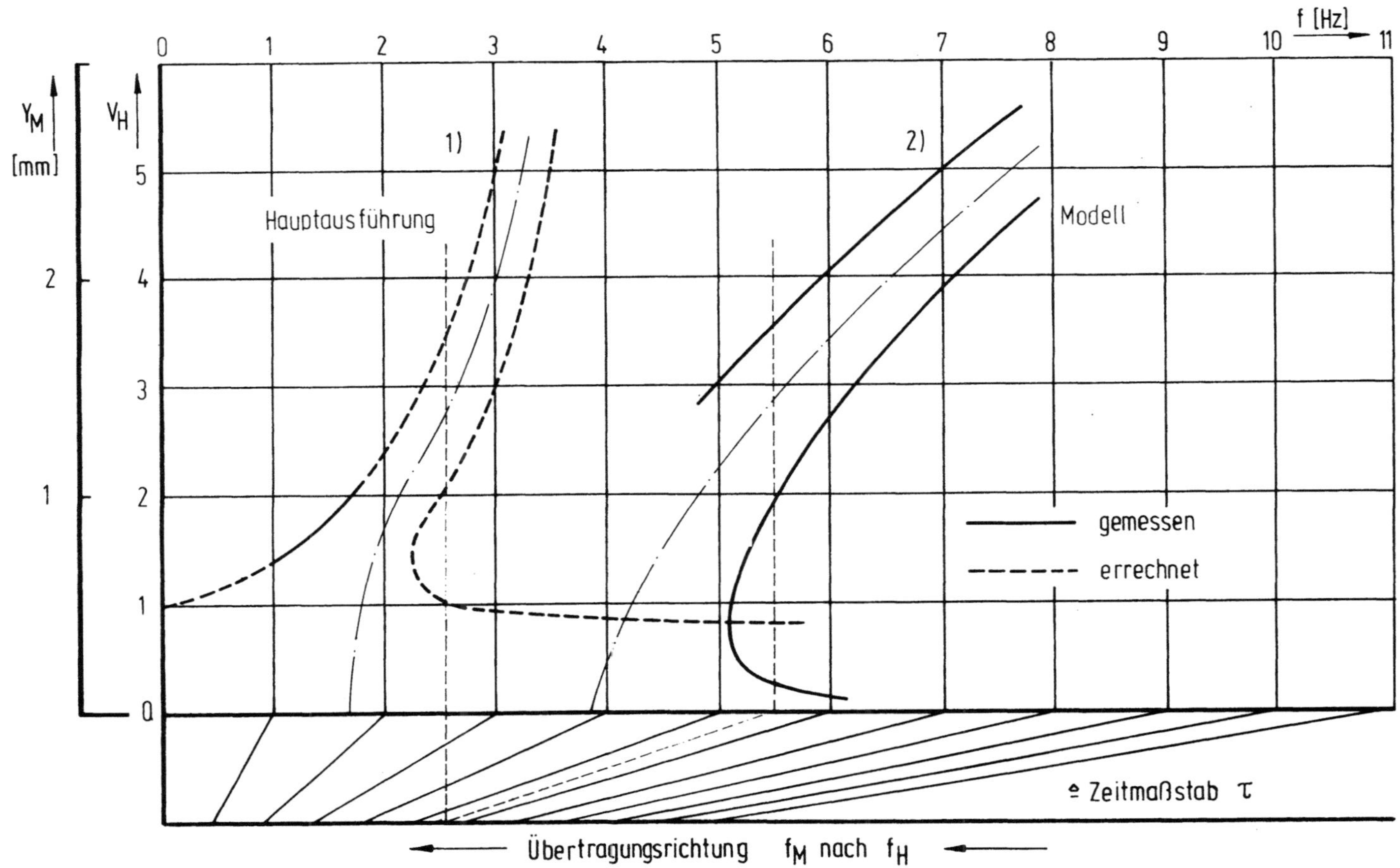

Bild 71: Übertragung der Modellfrequenzen mit Hilfe des Zeitmaßstabes am Beispiel der Kurve von Sperling /22/ und der y-Bewegung des Modells

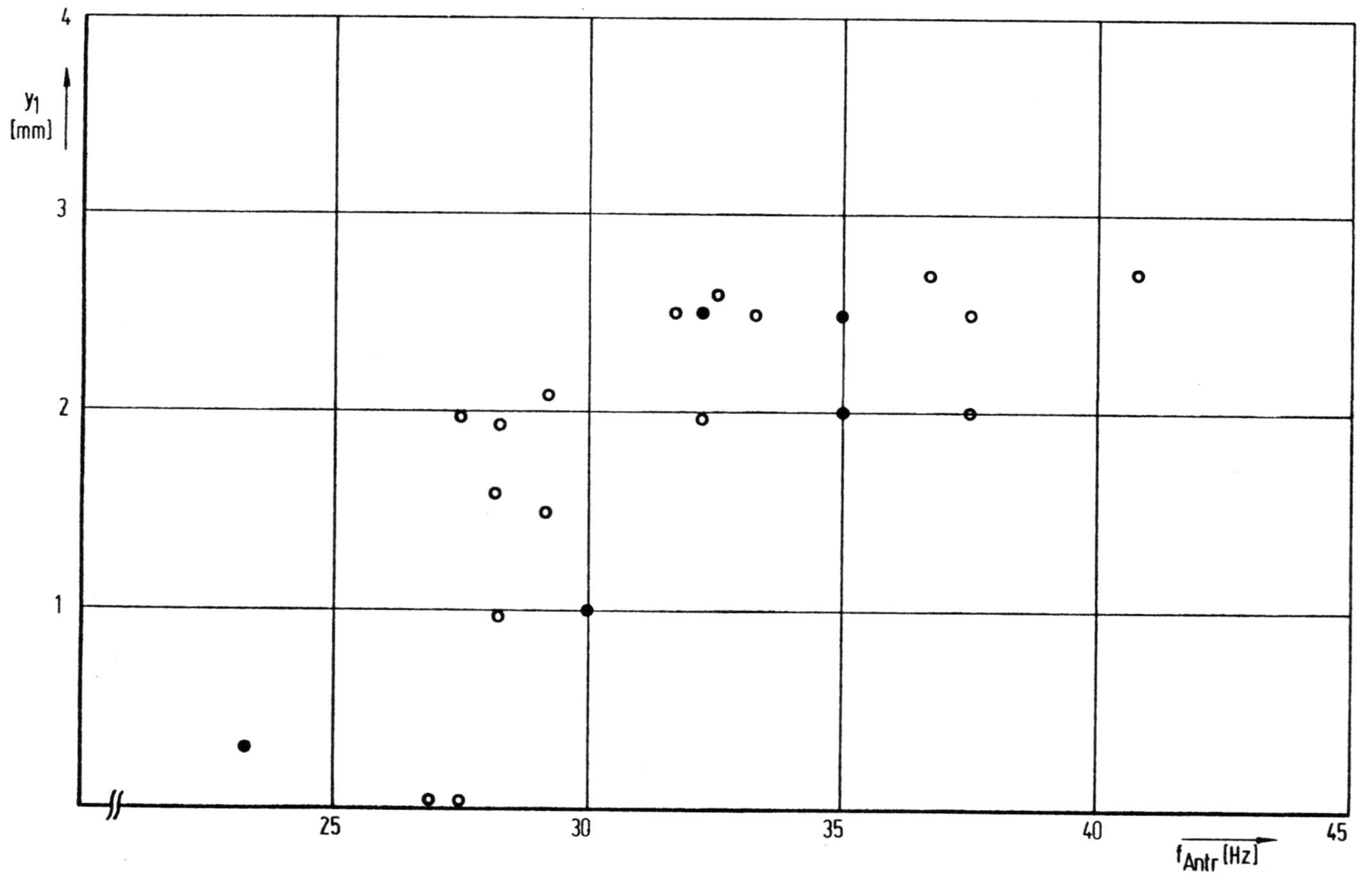

Bild 72: Amplitude der y_1-Bewegung über der Antriebsfrequenz ($f_{Antr} \sim f_{Sinuslauf}$)

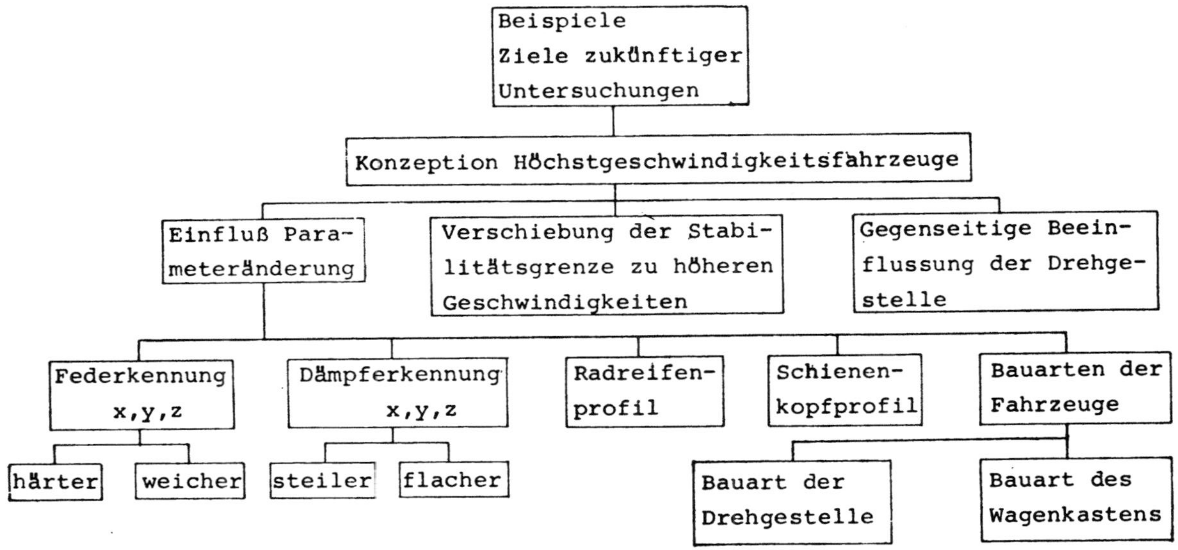

Bild 73: Beispiele der Ziele zukünftiger Untersuchungen mit Hilfe des Modellprüfstandes

A N H A N G

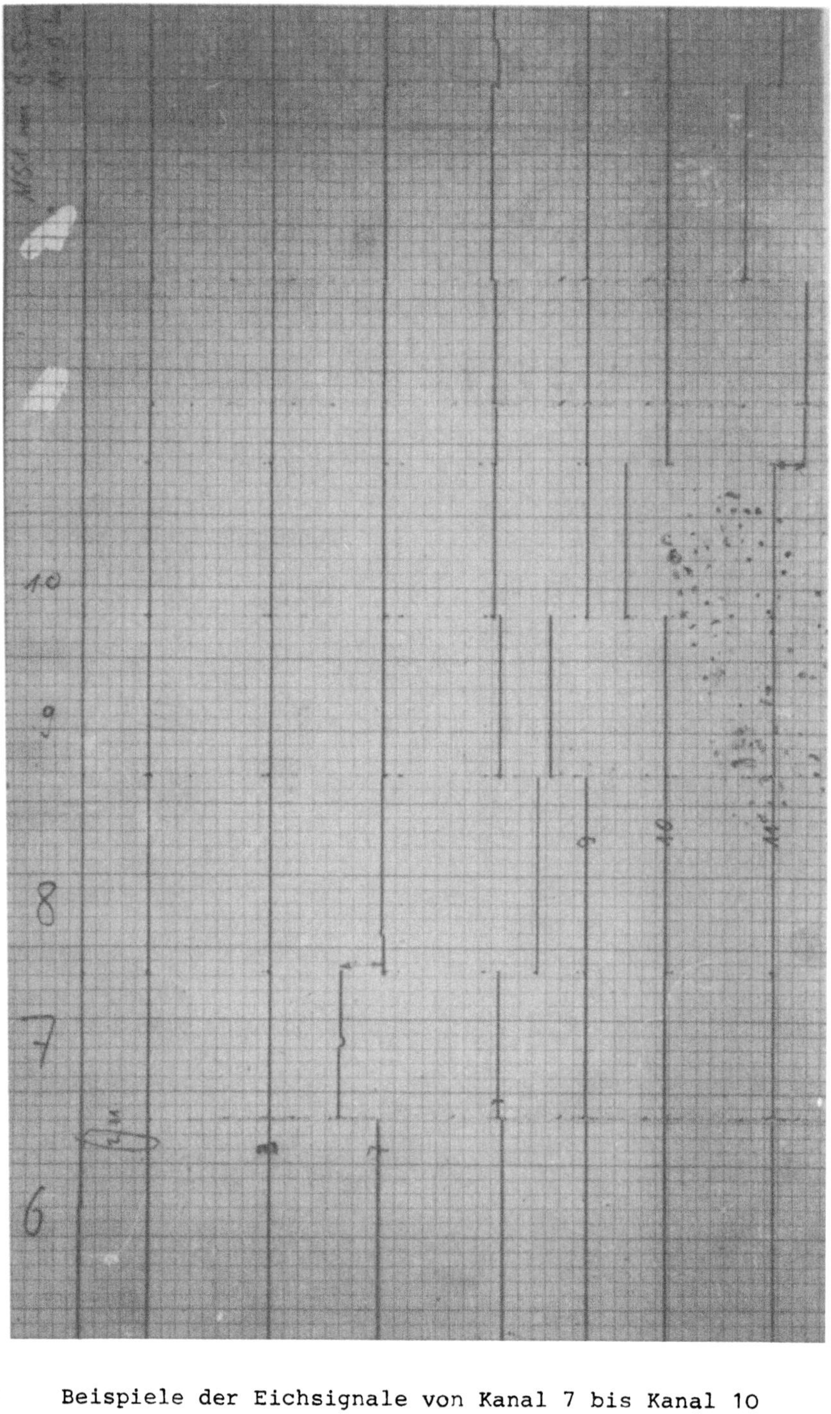

A-1 Beispiele der Eichsignale von Kanal 7 bis Kanal 10

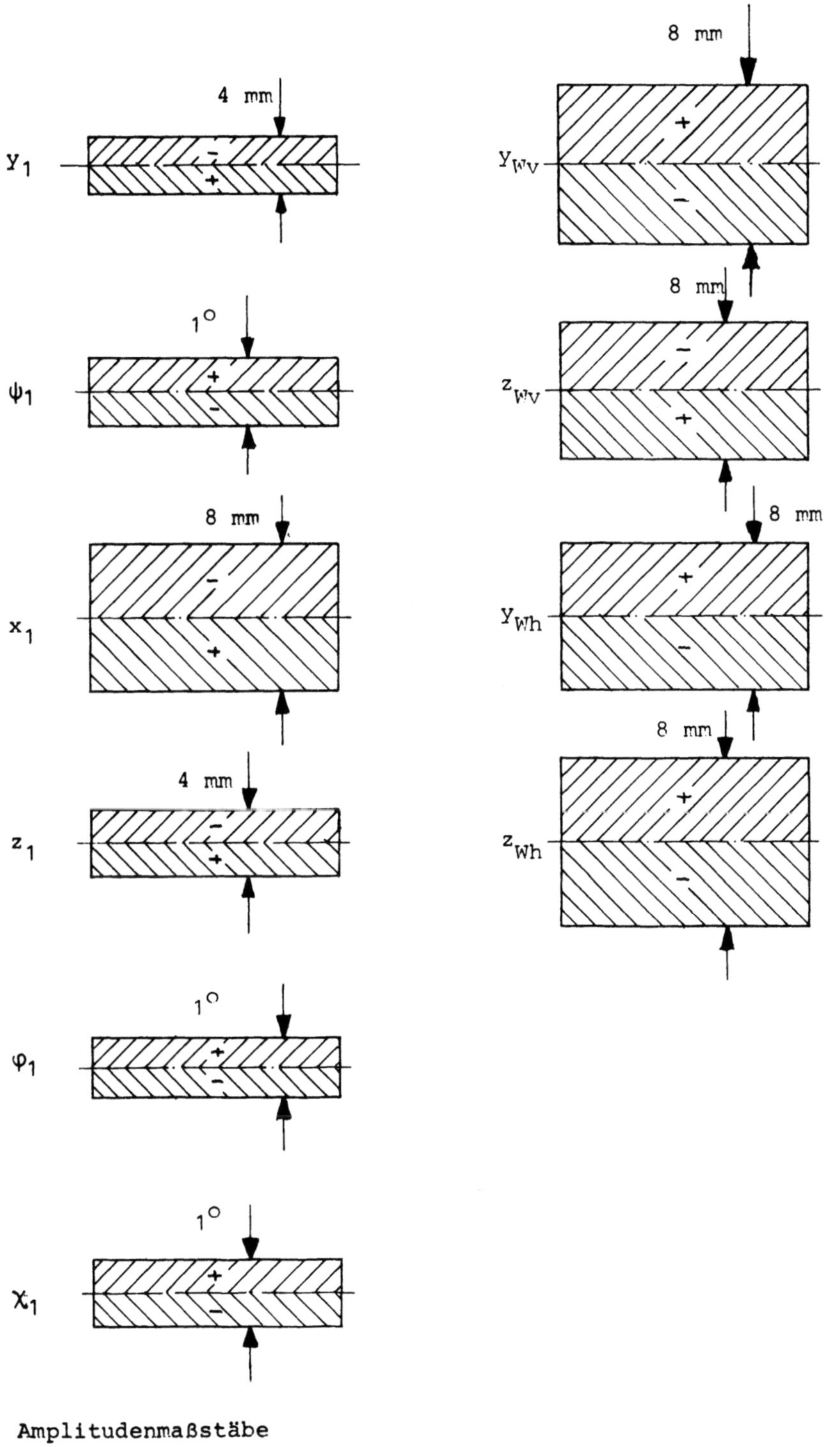

A-2 Amplitudenmaßstäbe

Auf den folgenden Meßschrieben sind die Kurven (von oben) das Bild der:

y_1 -Bewegung

ψ_1 -Bewegung

x_1 -Bewegung

y_{Wv}-Bewegung

z_{Wv}-Bewegung

y_{Wh}-Bewegung

z_{Wh}-Bewegung

25 mm entsprechen dabei 1s

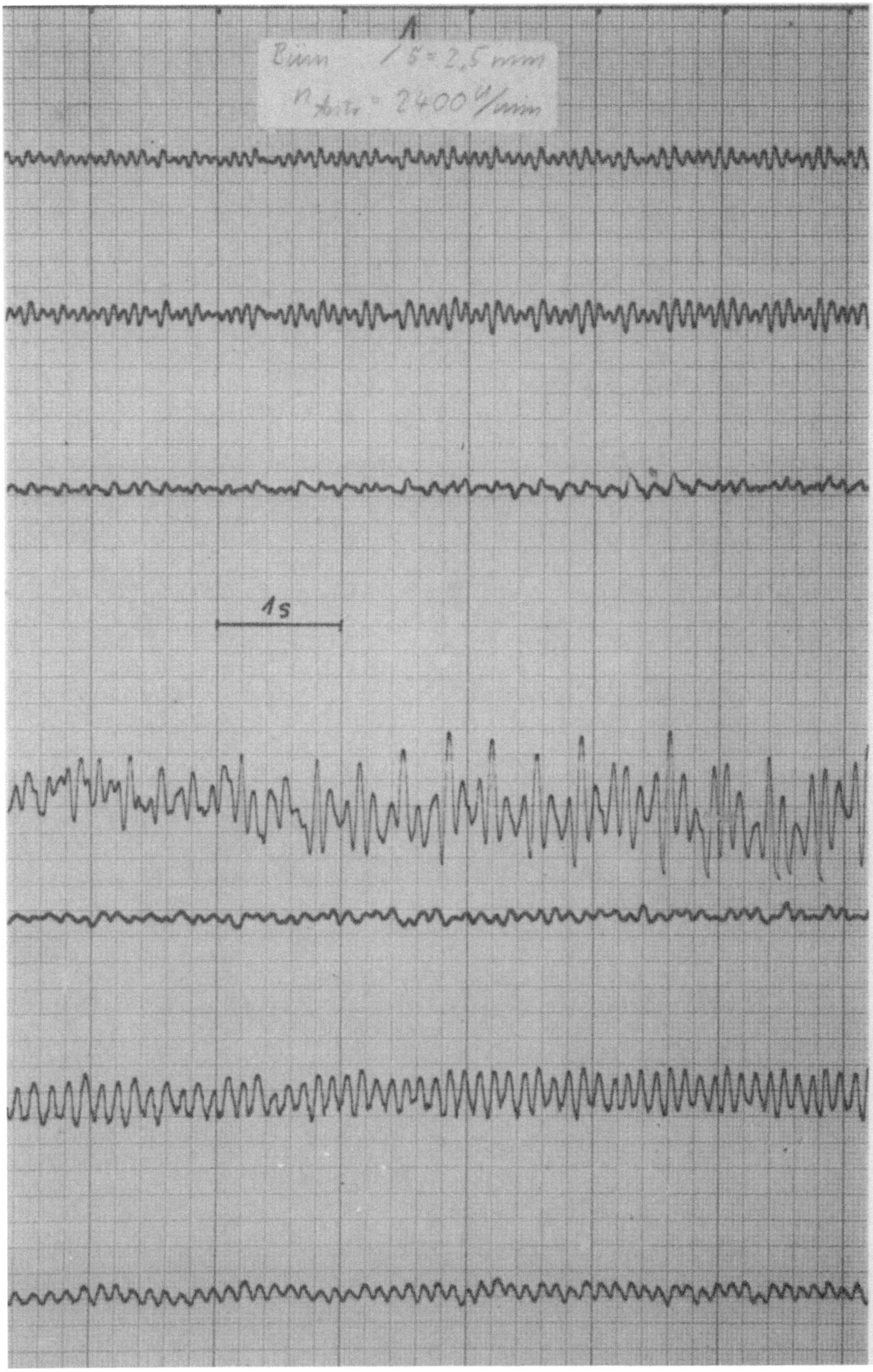
1
Büm 1/δ = 2,5 mm
n = 2400 U/min
1s

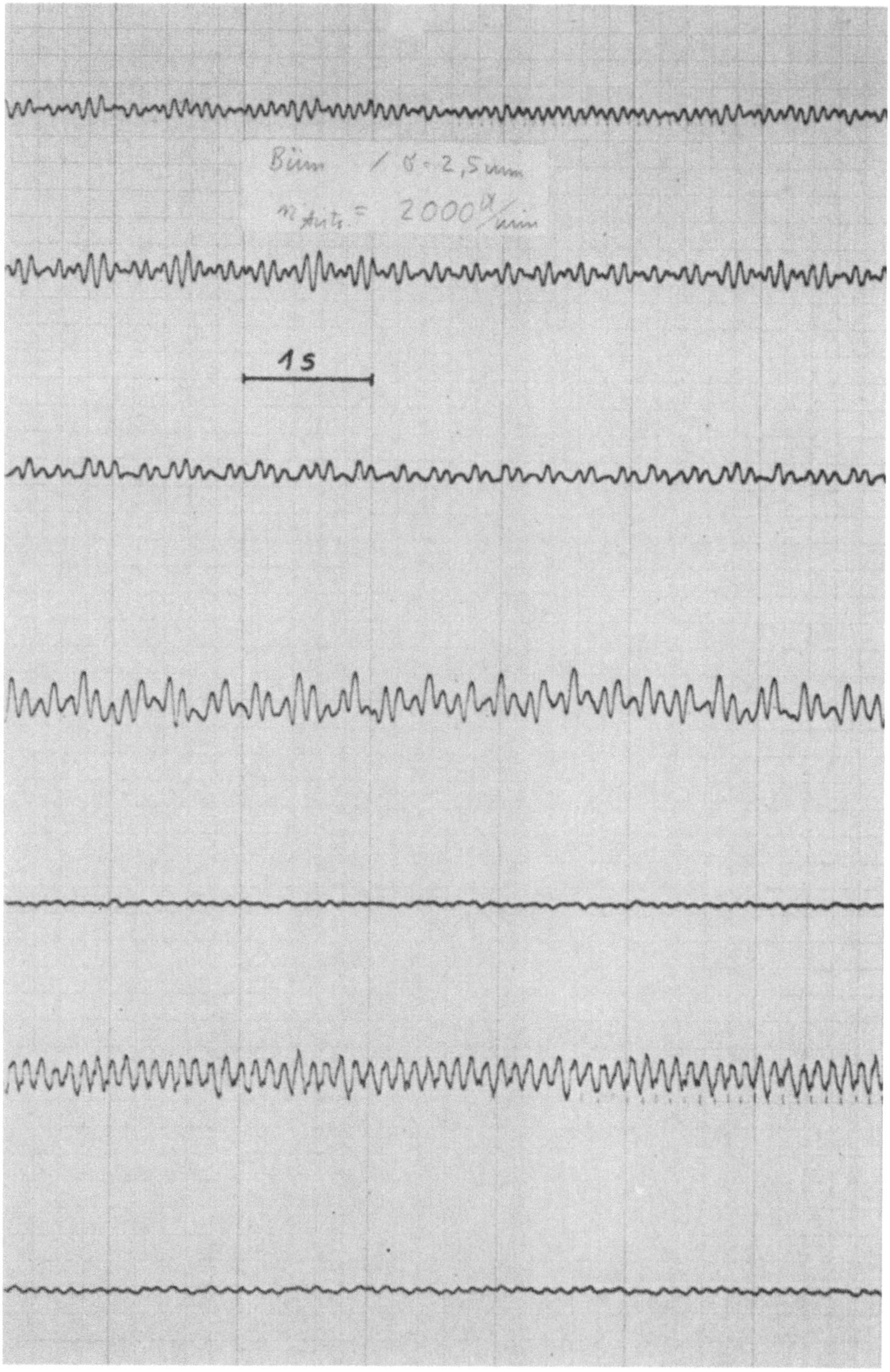
2,5 mm
2000 U/min
1 s

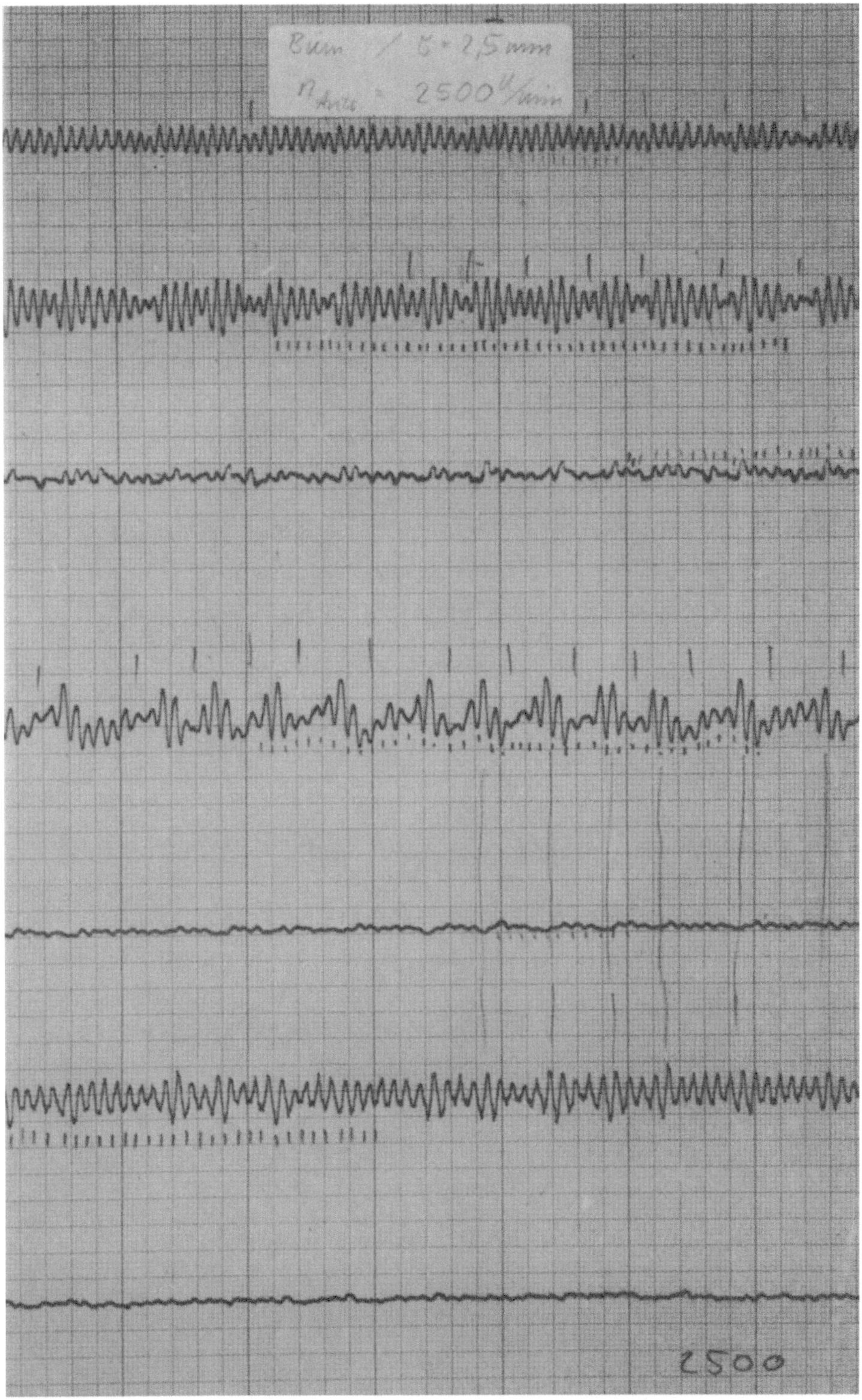
2500

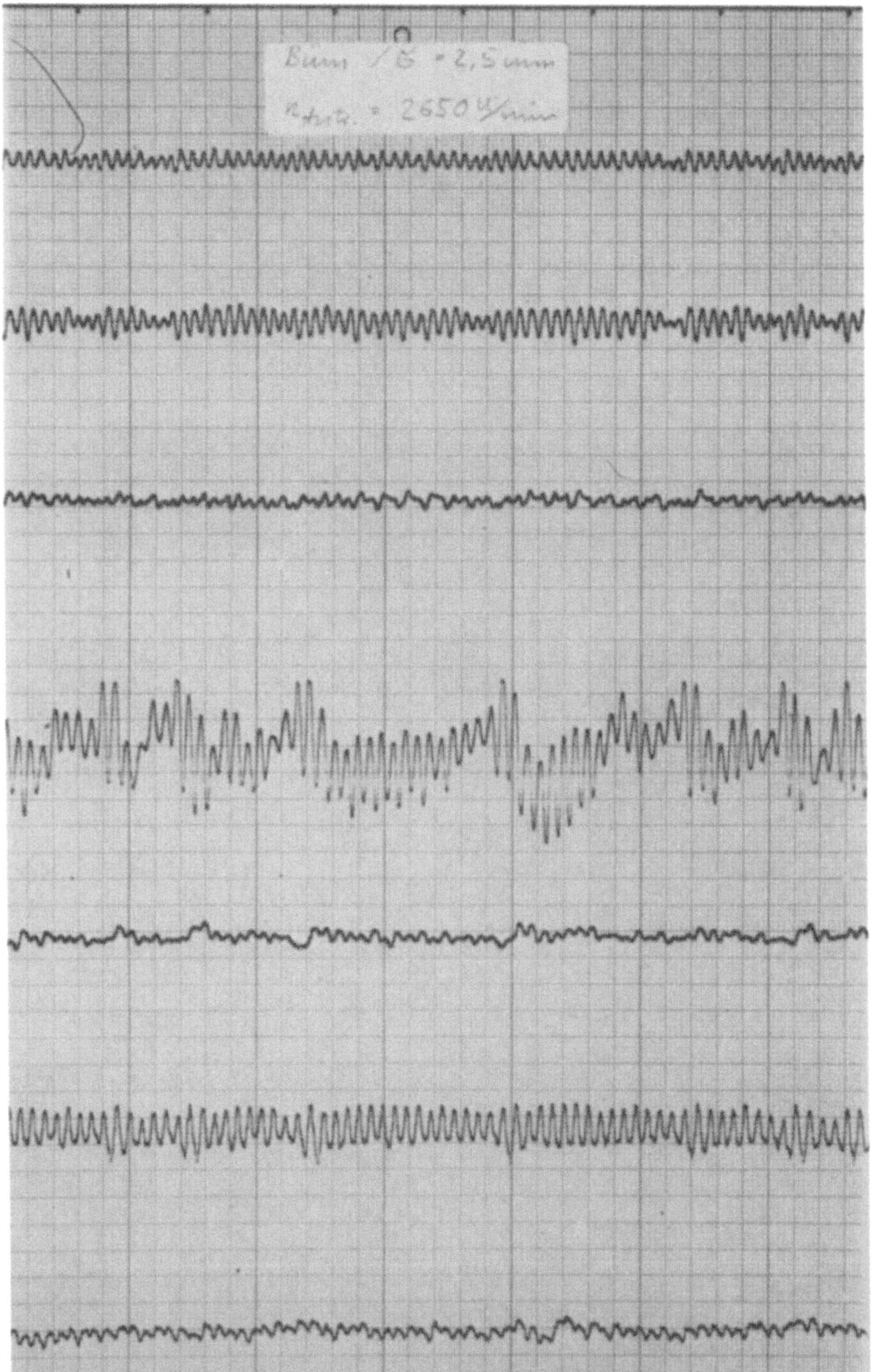
2,5 mm
2650 U/min

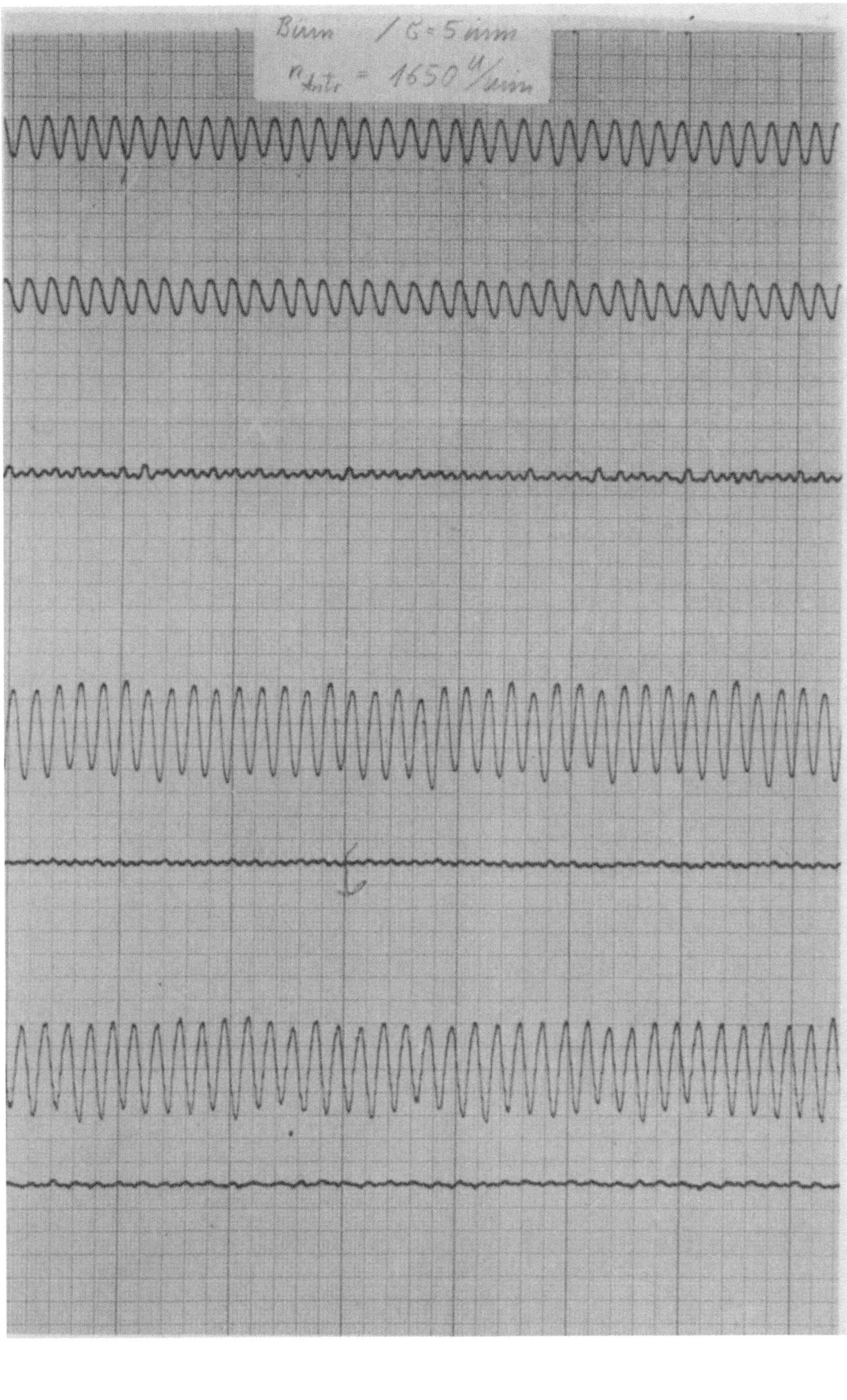
Birn / G=5 mm
n_{Antr} = 1650 U/min

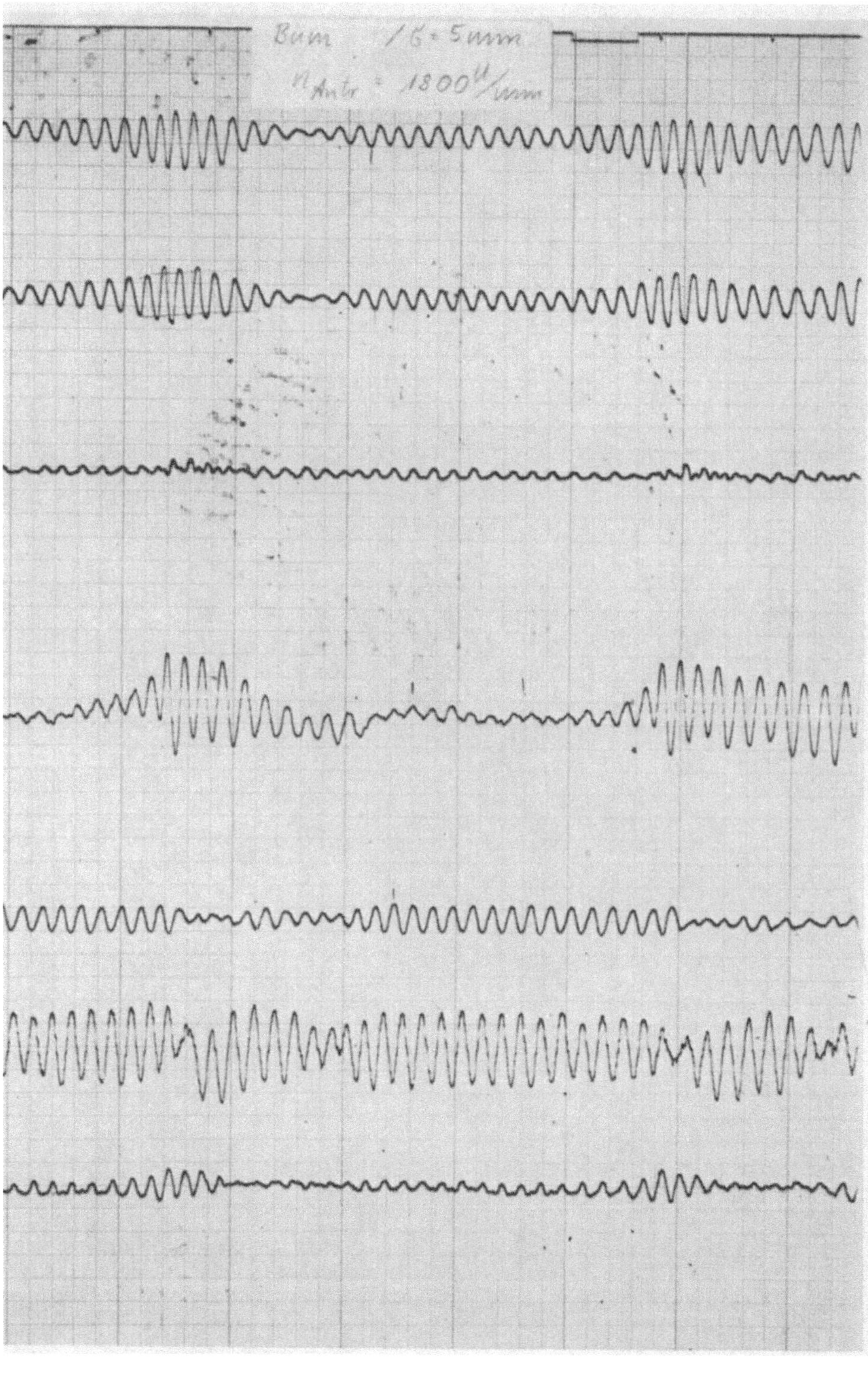
8μm / G = 5mm
n Antr = 1800 U/min

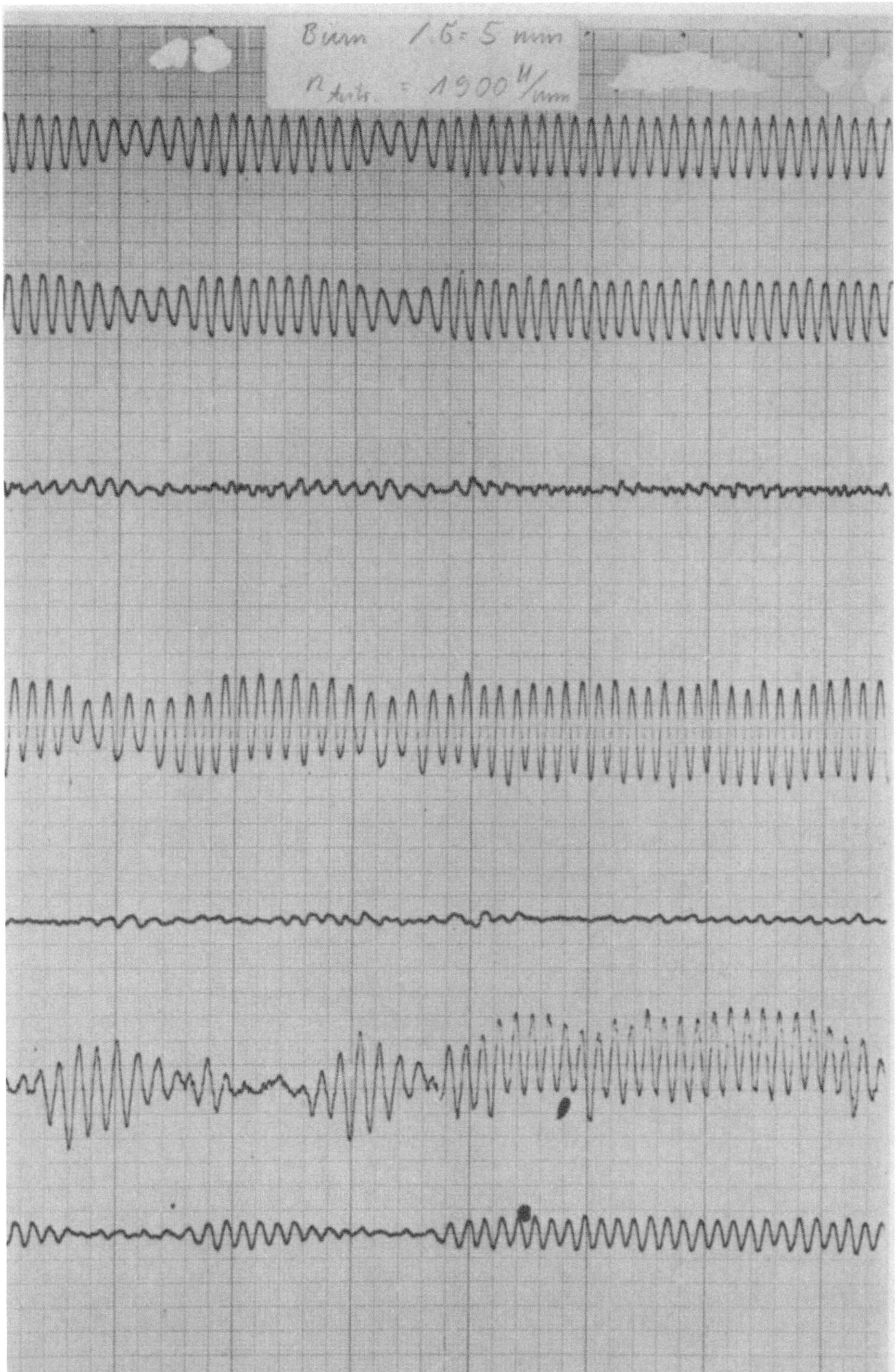
Birn 1 6 = 5 mm
n Antr. = 1900 U/min

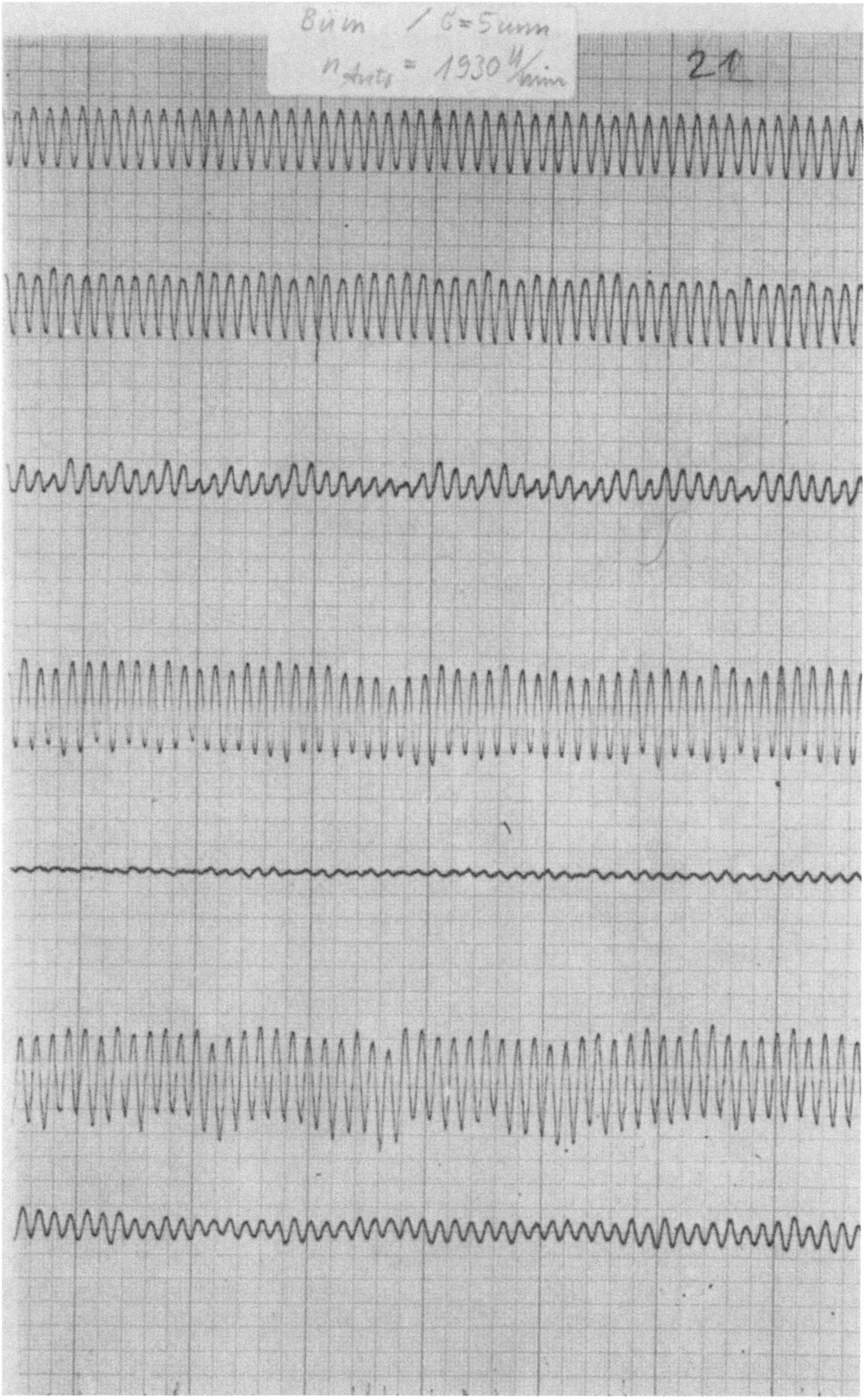
Büm / C=5mm
n Antr = 1930 U/min
21

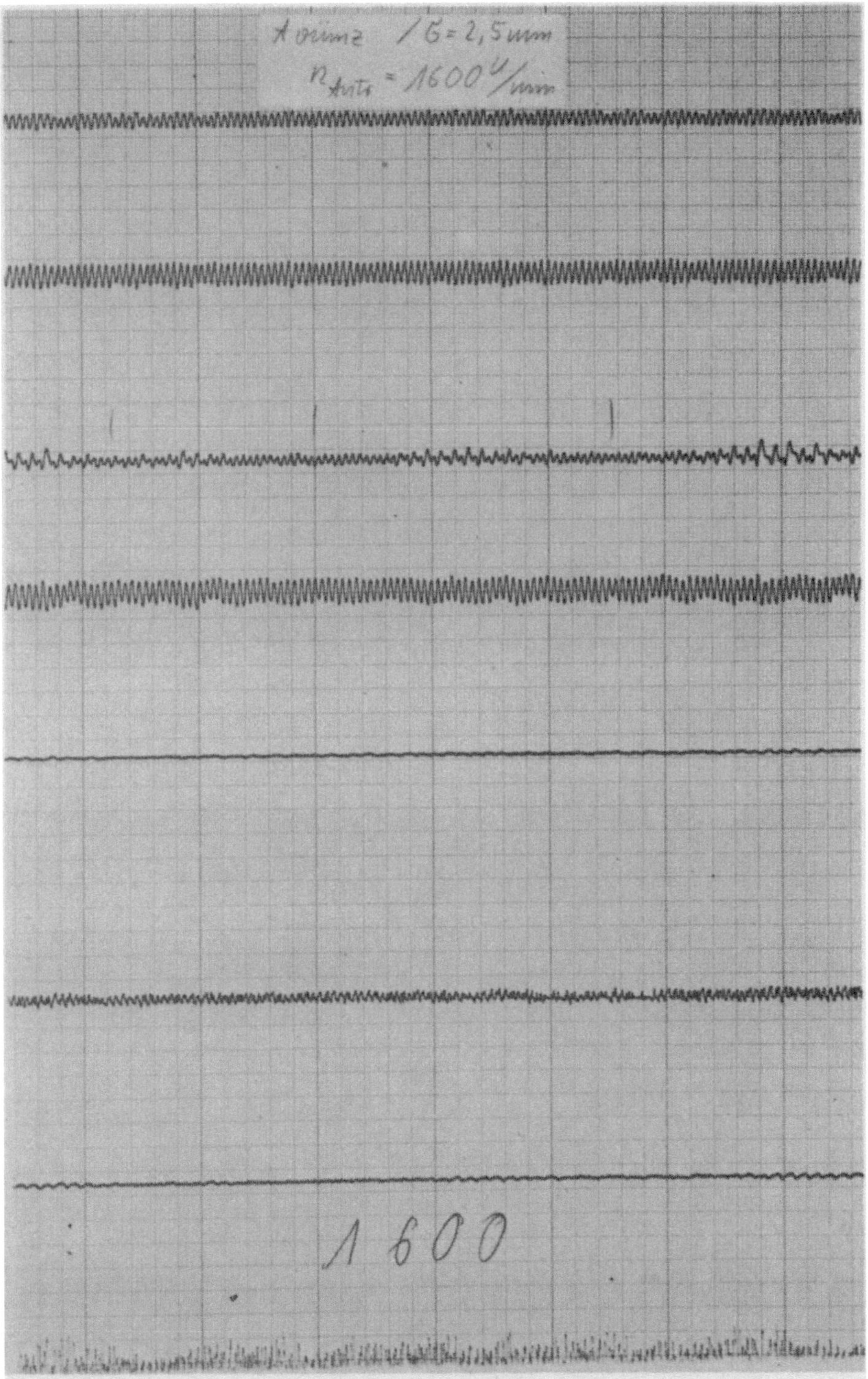
1600

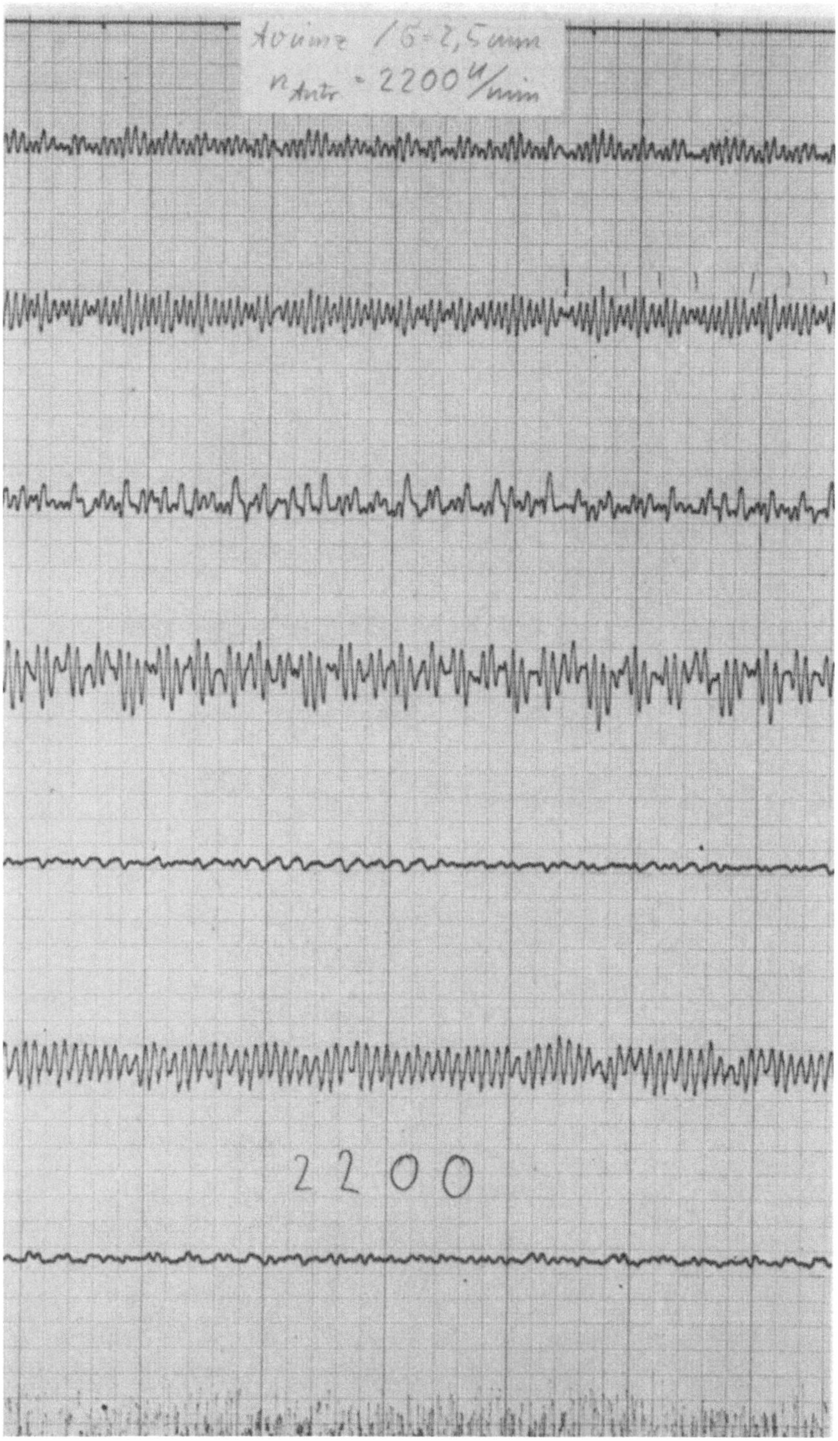
2200

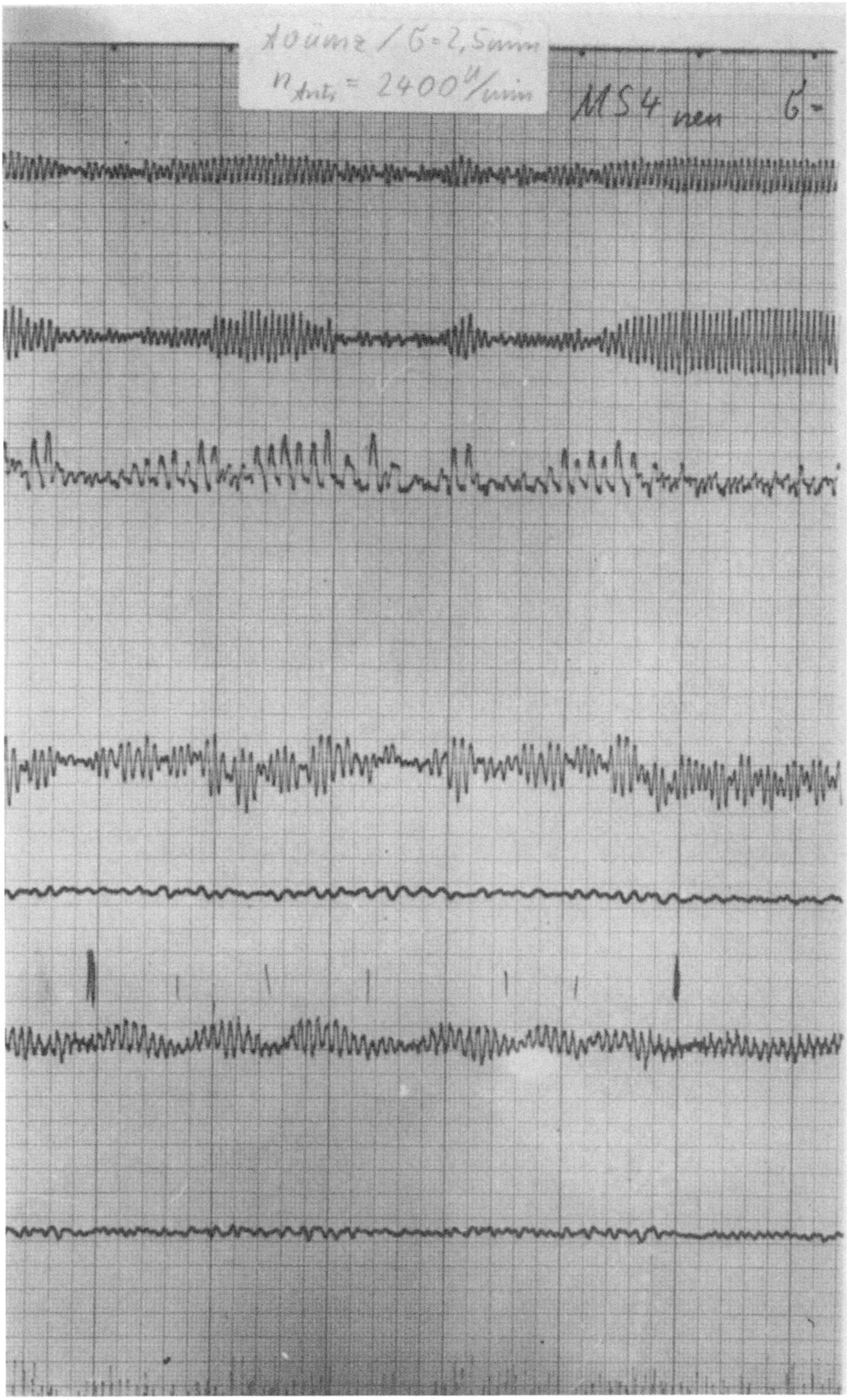
10 Umz / 6 = 2,5mm
n Antr = 2400 U/min
MS4 neu 6-

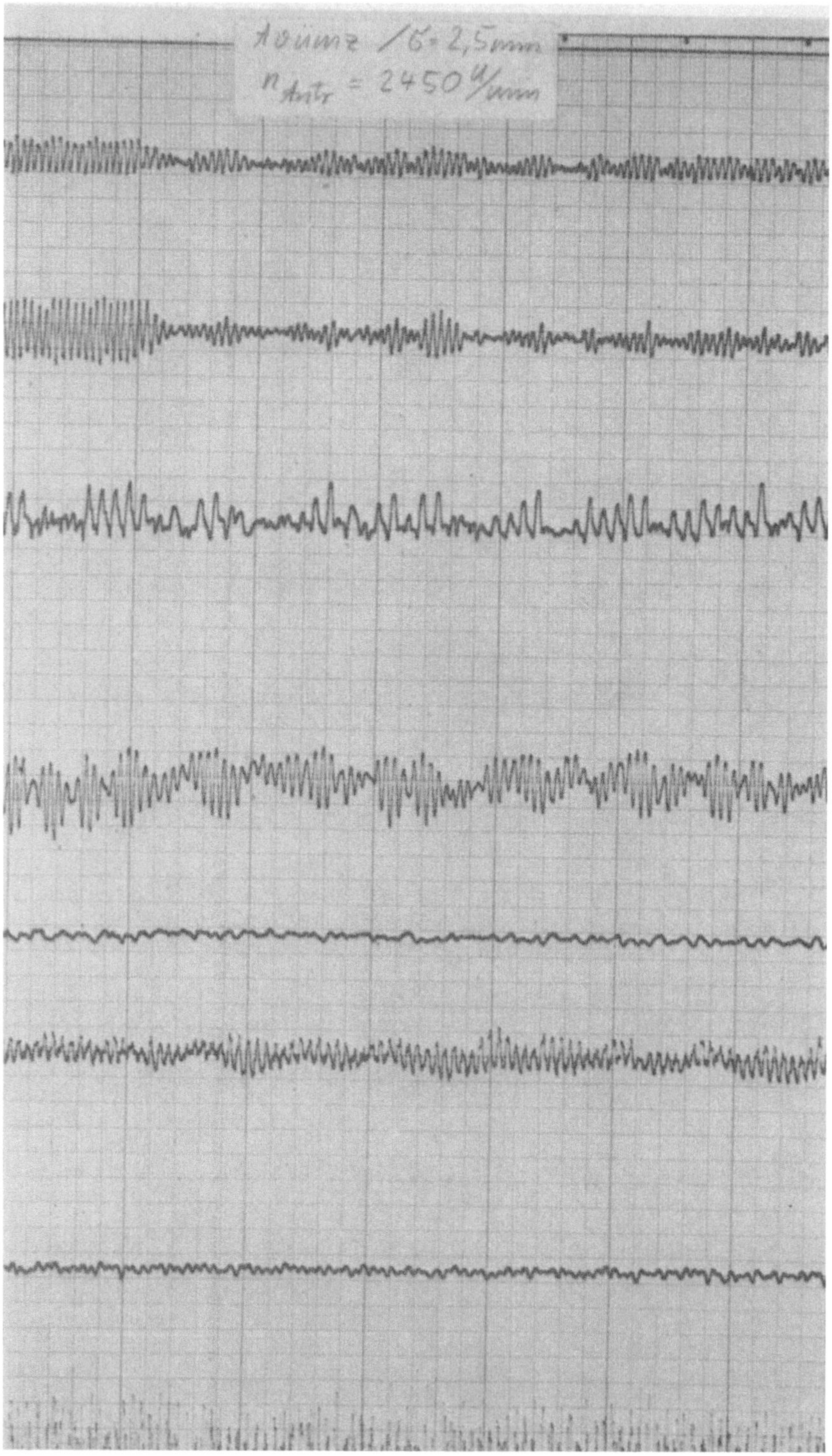

n_{Antr} = 2450 U/min

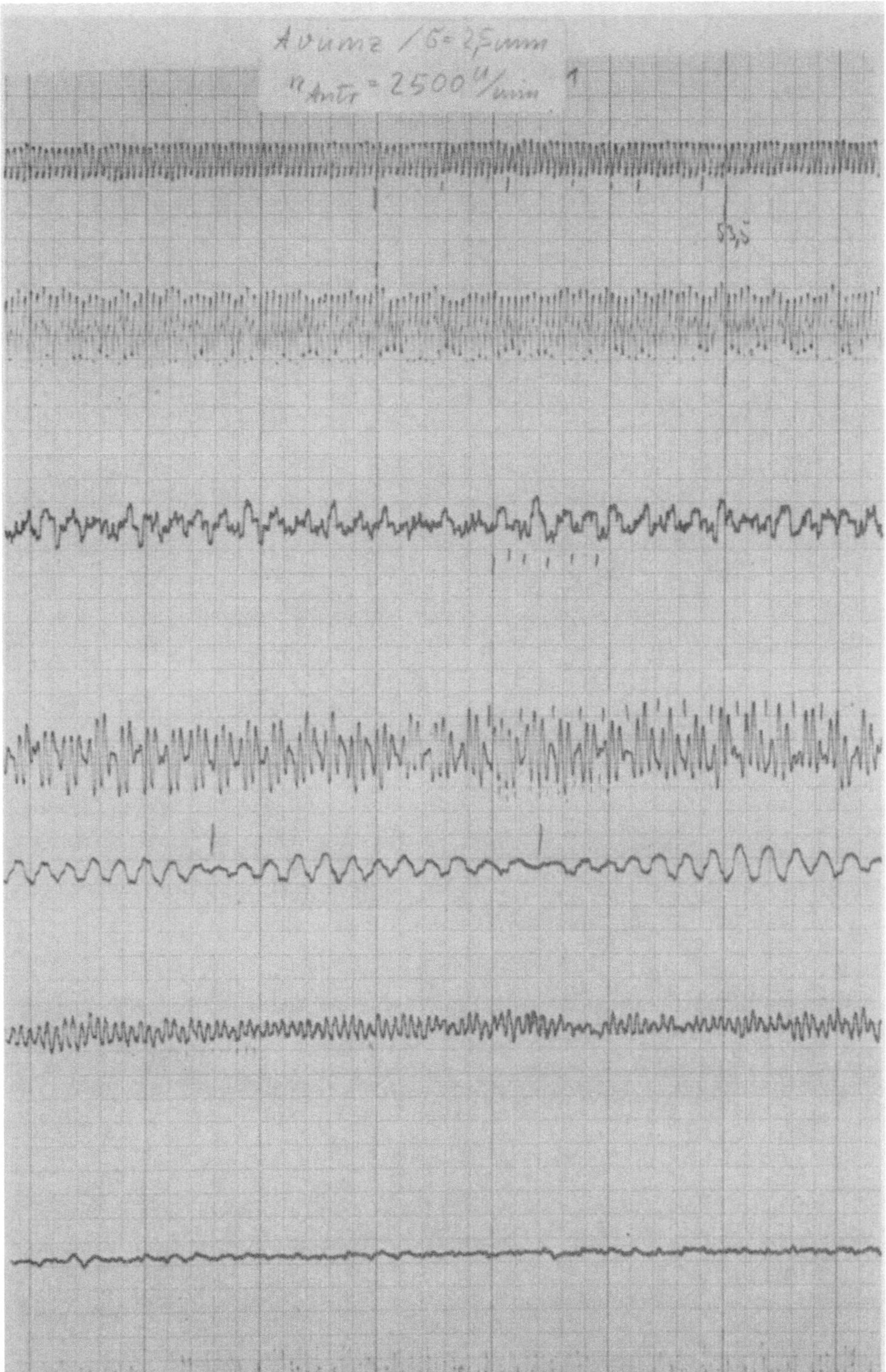
Avüme / G = 2,5mm
n_{Antr} = 2500 U/min
1
53,5

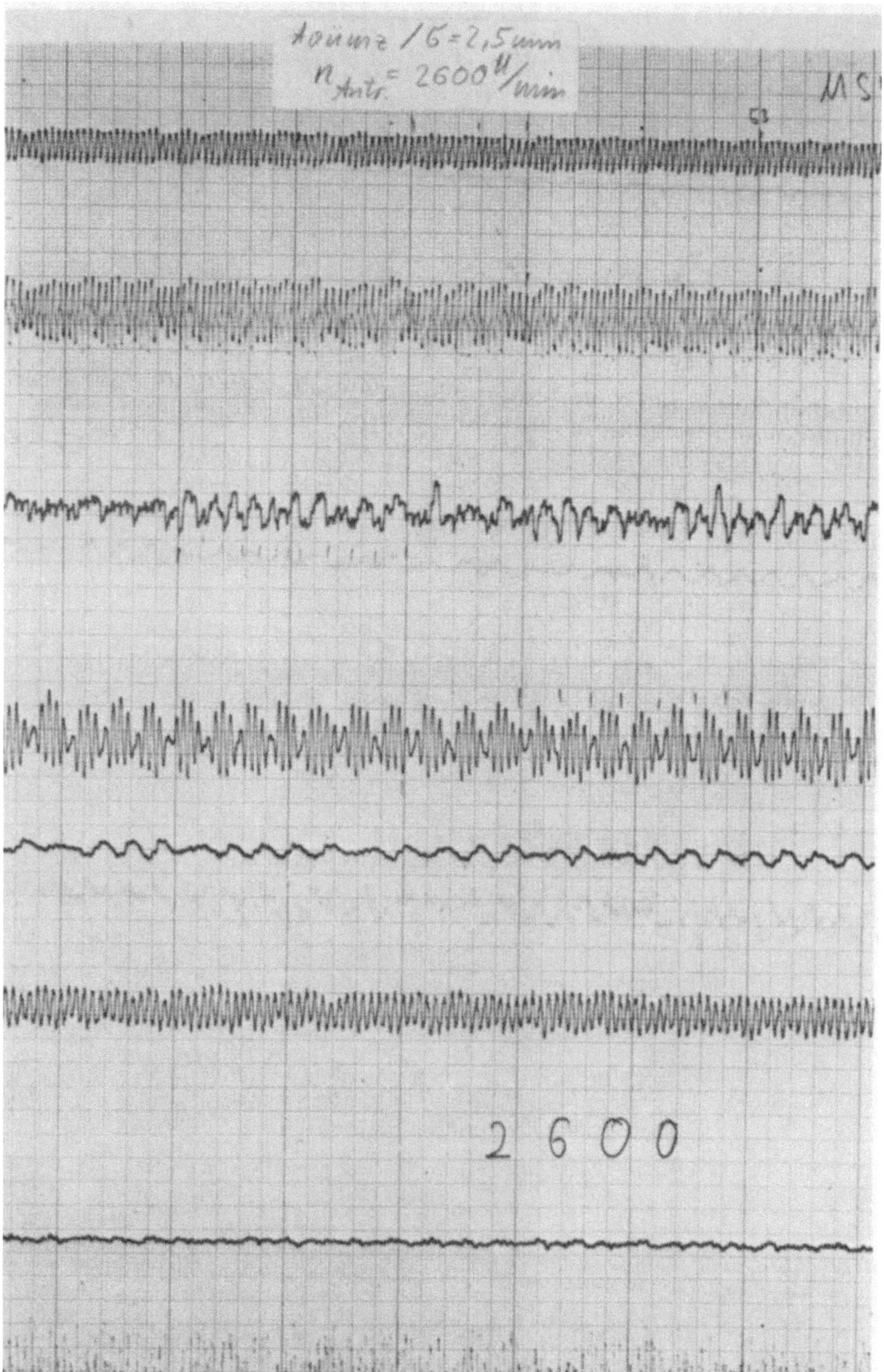

MS
2600

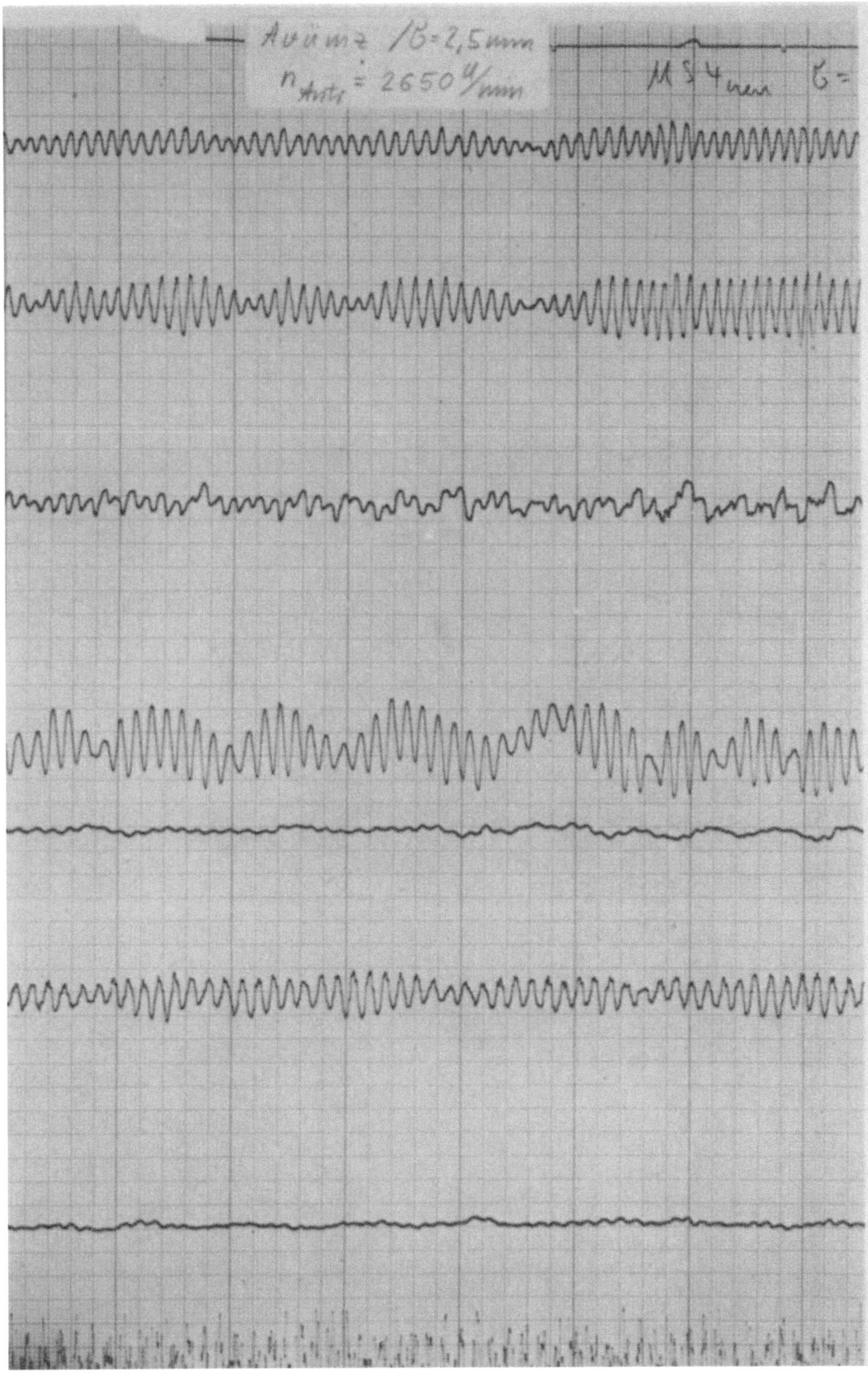
2650 U/min

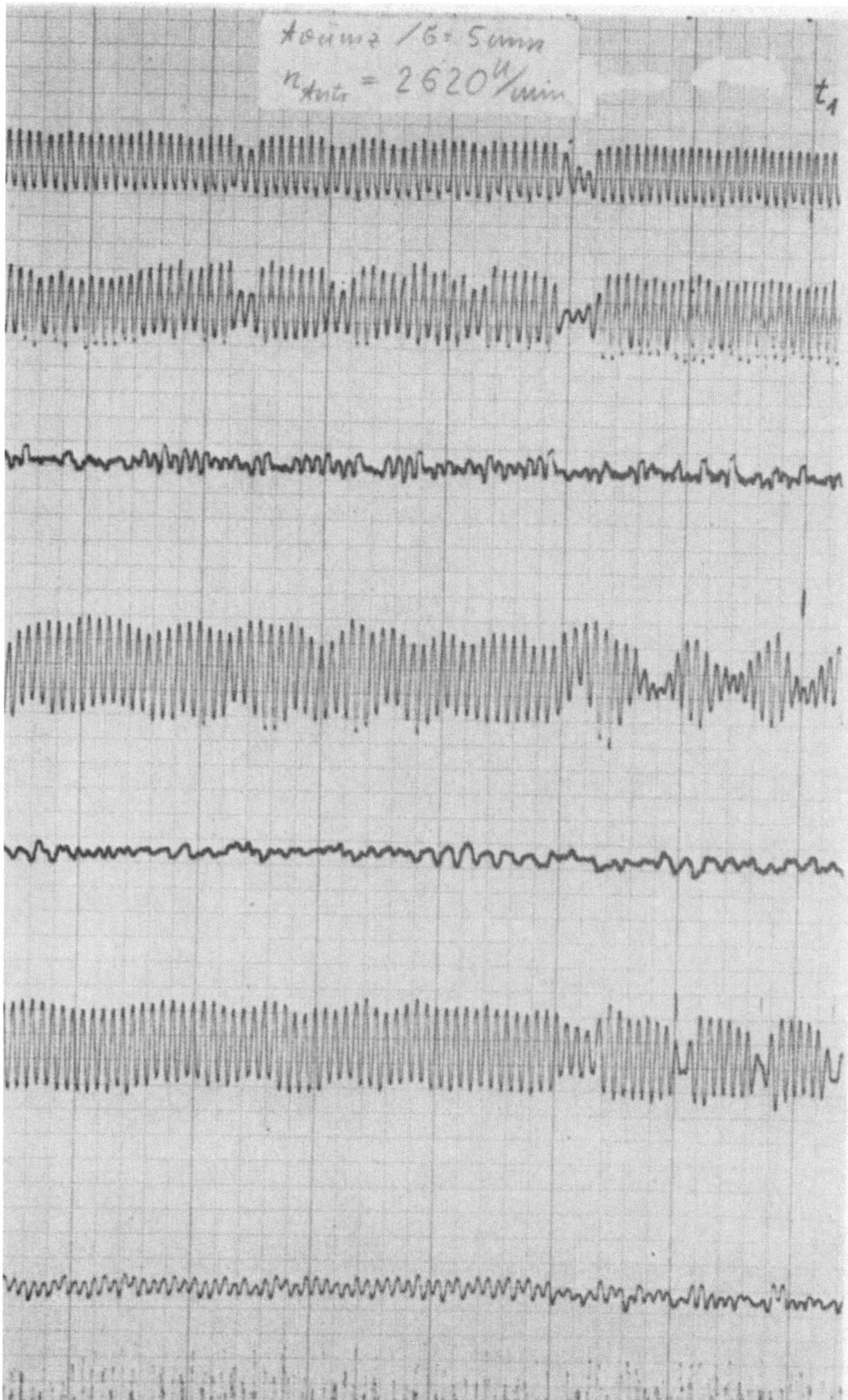
n_{Antr} = 2620 U/min
t_1

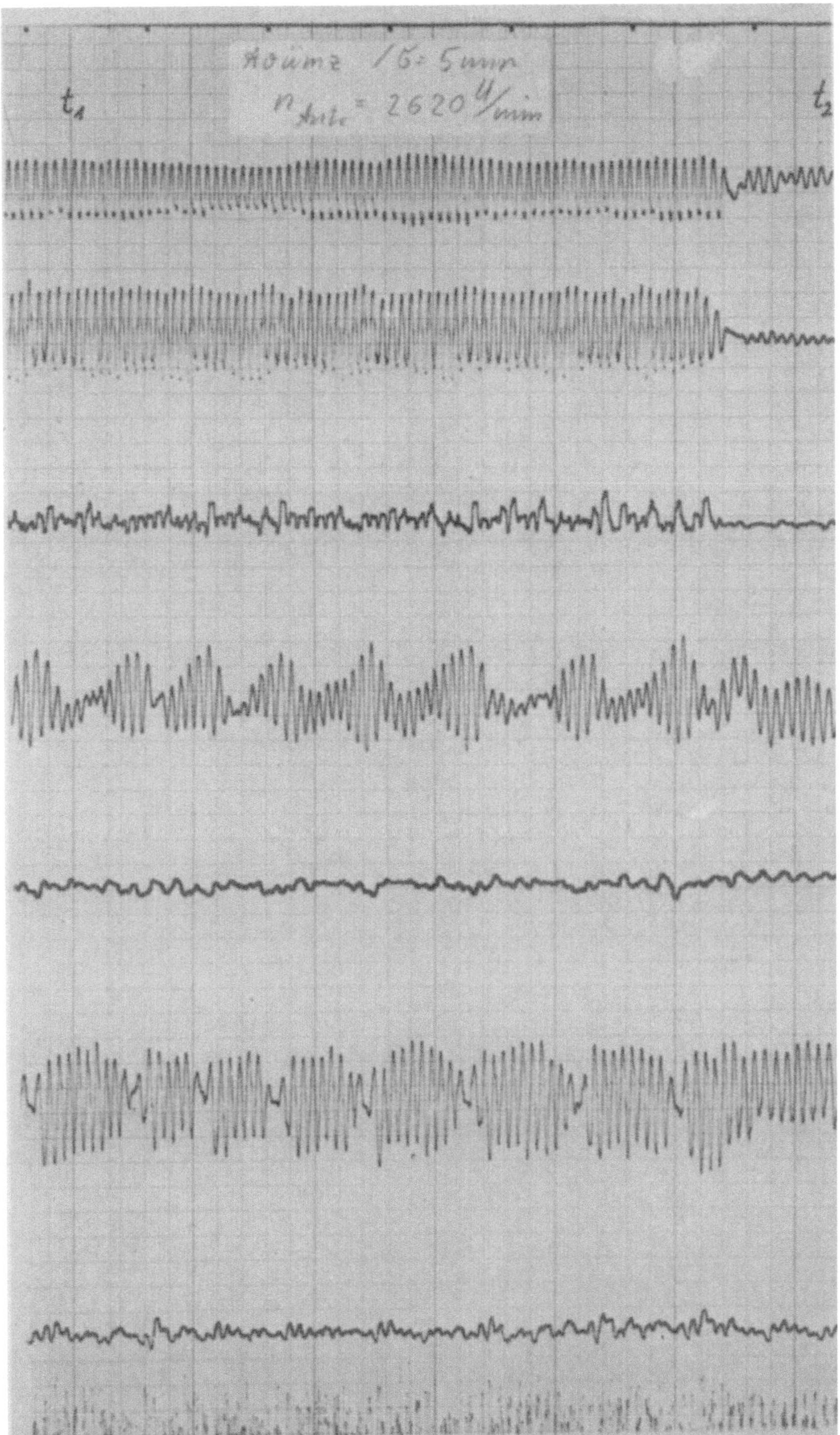
t1
2620 U/min
t2

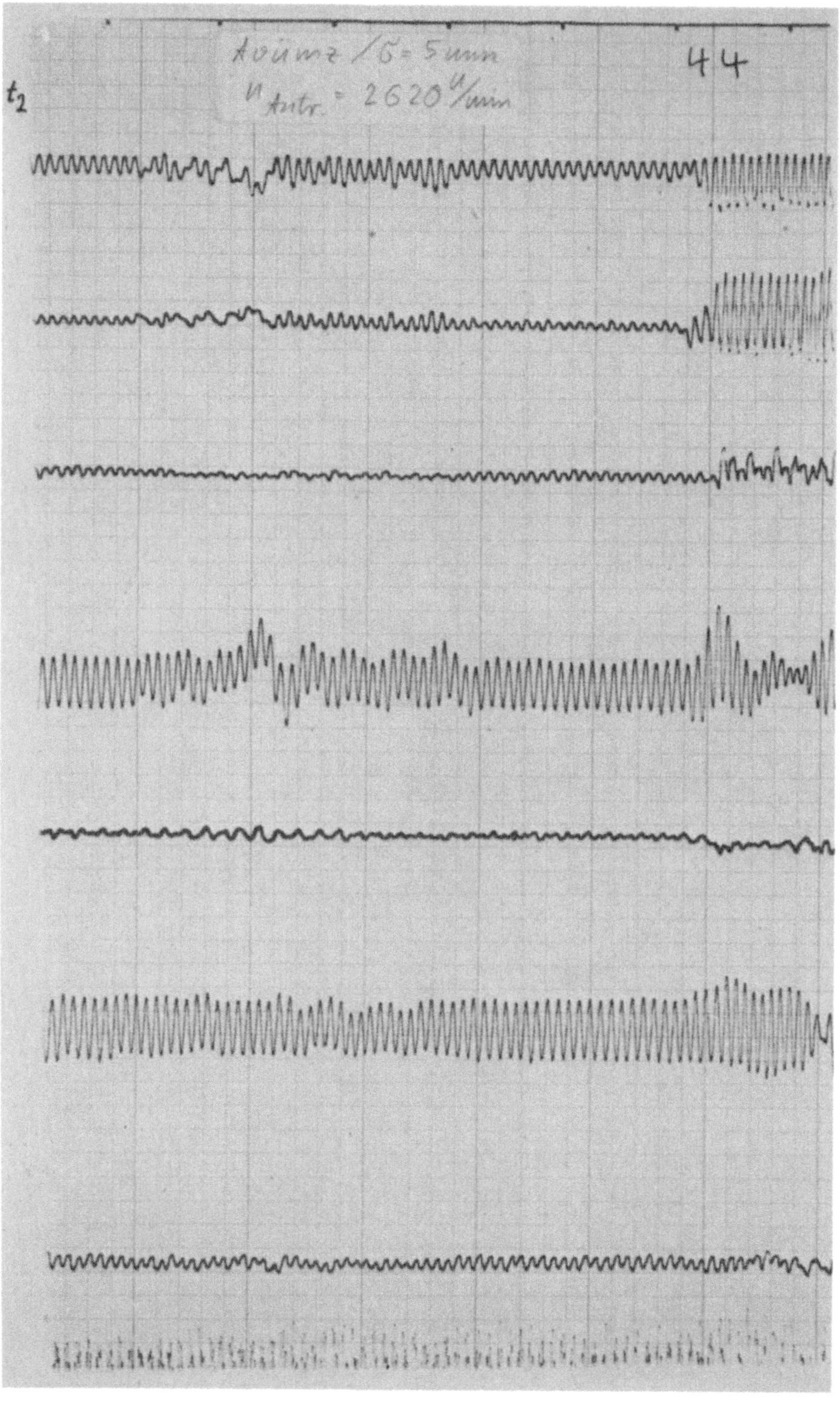
44
t2
2620

C-1

74/74 OPT=2 FTN 4.6+428 7

```
      PROGRAM HERTZ(INPUT,OUTPUT,TAPE1=INPUT)
C
C
C     DAS PROGRAMM HERTZ BESTIMMT DIE KONTAKTELLIPSE ZWISCHEN ZWEI
C    F BELIEBIG GEWOELBTEN KOERPERN ,DIE MIT DER KRAFT FN AUFEINANDERGE-
C    F PRESST WERDEN
C
      REAL MEN
      REAL XI(10), ETA(10), THETA(10)
      REAL PX(4), PY(4)
      DATA THETA/0.,0.1745,0.3491,0.5236,0.6981,0.8727,1.0472,1.2217,
     F    1.3963,1.5708/
      DATA XI /1.E100,6.612,3.778,2.731,2.136,1.754,1.486,1.284,
     F    1.128,1./
      DATA ETA/0.,0.319,0.408,0.493,0.569,0.641,0.717,0.802,0.893,1./
      DATA XF,YF/0.1745,5.730659/
      DATA PI/3.141592654/
      READ 1000,EMO,EMU,ANUEO,ANUEU
      PRINT 2000,EMO,EMU,ANUEO,ANUEU
   10 READ 1001,RXO,RYO,RXU,RYU,BMAX,F,PHI
      IF(EOF(1))  11,12
   11 STOP
   12 CONTINUE
      XO = 1./RXO   $   XU = 1./RXU
      YO = 1./RYO   $   YU = 1./RYU
      IF (RXO  .GT.  10000.)  XO = 0.
      IF (RYO  .GT.  10000.)  YO = 0.
      IF (RXU  .GT.  10000.)  XU = 0.
      IF (RYU  .GT.  10000.)  YU = 0.
      A2 = 0.5 * (XO + XU)
      B2 = 0.5 *(YO +YU)
      E = 0.5*(1./EMO + 1./EMU)   $   E = 1./E
      GMO = EMO/(2.*(1.+ANUEO))
      GMU = EMU/(2.*(1.+ANUEU))
      ANUE = (ANUEU*GMO + ANUEO*GMU) / (GMO+GMU)
      IF(RYU .GT. 10000. .AND. RYO .GT. 10000. .AND. PHI .EQ. 0.)
     1   GOTO 20
      RSK = XO + XU + YO + YU
      RHO = 4./RSK
      RDK = (YO-XO)**2 + (YU-XU)**2
      RDK = RDK + 2.*(YO-XO)*(YU-XU)*COS(2.*PHI)
      RDK = SQRT(RDK)
      ARG = RDK/RSK
      THETAX= ACOS(ARG)
      JX= IFIX((THETAX +XF)*YF)
      IF(JX .GT. 8)  JX=8
      IF(JX .LT. 2)  JX=2
      J1=JX-1   $   J2=JX   $   J3=JX+1   $   J4=JX+2
      PX(1)=THETA(J1)   $   PX(2)=THETA(J2)
      PX(3)=THETA(J3)   $   PX(4)=THETA(J4)
      PY(1)=XI(J1)      $   PY(2)=XI(J2)
      PY(3)=XI(J3)      $   PY(4)=XI(J4)
      CALL CUBSP(PX,PY,THETAX,R)
      XIA=R
      PY(1)=ETA(J1)     $   PY(2)=ETA(J2)
      PY(3)=ETA(J3)     $   PY(4)=ETA(J4)
      CALL CUBSP(PX,PY,THETAX,R)
```

C-2

74/74   OPT=2   FTN 4.6+428

```
      ETAB=R
      AA = XIA*(3.*(1.-ANUE**2)*F/(E*RSK))**(1./3.)
      BB = ETAB*(3.*(1.-ANUE**2)*F/(E*RSK))**(1./3.)
      PMAXK = 1.5 * F/(PI*AA*BB)
      PMAXN = PMAXK * 9.80665
      C = SQRT(AA*BB)
      IF(B2 .LT. A2)  GOTO 30
      A=AA
      B=BB
      AZB = A/B
      GOTO 60
   30 A= BB
      B = AA
      AZB = A/B
      GOTO 60
   20 B = BMAX     $     RR = 1./(XO+XU)
      A  = 8.*F*RR*(1.-ANUE**2)/(PI*E*B)
      A = SQRT(A)
      RHO = 0.5*RR
      AZB = 999.
      C = 999.
      PMAXK = 2.*F/(PI*A*B)
      PMAXN = PMAXK*9.80665
   60 PRINT 2010
      PRINT 2012
      PRINT 2011,RXO,RYO,RXU,RYU,BMAX,F,PHI
      PRINT 2020
      PRINT 2021
      PRINT 2022,A,B,C,AZB,RHO,PMAXK,PMAXN
      GOTO 10
 1000 FORMAT(4F10.3)
 1001 FORMAT(7F10.3)
 2010 FORMAT(1H ,3HRXO,10X,3HRYO,10X,3HRXU,10X,3HRYU,10X,4HBMAX,9X,
     1   1HF,12X,3HPHI)
 2011 FORMAT(1H ,7(E10.3,3X))
 2020 FORMAT(1H0,*A*,12X,*B*,12X,*C*,12X,*A/B*,10X,*RHO*,10X,*PMAX*,
     1   9X,*PMAX*)
 2021 FORMAT(1H ,*(MM)*,9X,*(MM)*,9X,*(MM)*,9X,*(--)*,9X,*(MM)*,9X,
     1   10H(KP/MM**2),3X,9H(N/MM**2))
 2022 FORMAT(1H ,7(E10.3,3X),///)
 2000 FORMAT(1H1,*E-MOD-O=*,E10.3,3X,*E-MOD-U=*,E10.3,3X,*NUEO=*,
     1   E10.3,3X,*NUEU=*,E10.3,////)
 2012 FORMAT(1H ,*(MM)*,9X,*(MM)*,9X,*(MM)*,9X,*(MM)*,9X,*(MM)*,9X,
     1   *(KP)*,9X,*(--)*)
      END
```

C-3

74/74 OPT=2 FTN 4.6+428

```
      SUBROUTINE CUBSP(X,Y,XX,P)
C
C     DAS UNTERPROGRAMM INTERPOLIERT DURCH KUBISCHE SPLINES
C
      REAL X(4), Y(4)
      REAL A(4), B(4), C(4), D(4), H(4)
      DO 10 I=1,4
   10 A(I) = Y(I)
      C(1) = C(4) = 0.
      DO 20 I=1,3
   20 H(I) = X(I+1) - X(I)
      DL2 = 3.*(A(3)-A(2))/H(2) - 3.*(A(2)-A(1))/H(1)
      DL3 = 3.*(A(4)-A(3))/H(3) - 3.*(A(3)-A(2))/H(2)
      DNE = H(2)*H(2) - 4.*(H(2)+H(3))*(H(1)+H(2))
      C(3)= (DL2*H(2) - 2.*DL3*(H(1)+H(2))) / DNE
      C(2)= (DL3*H(2) - 2.*DL2*(H(2)+H(3))) / DNE
      DO 30 I=1,3
      B(I) = (A(I+1)-A(I))/H(I) - H(I)*(C(I+1)+2.*C(I))/3.
   30 D(I) = (C(I+1)-C(I))/(3.*H(I))
      I=0
      IF(XX .GE. X(1) .AND.  XX .LT. X(2))  I=1
      IF(XX .GE. X(2) .AND.  XX .LT. X(3))  I=2
      IF(XX .GE. X(3) .AND.  XX .LE. X(4))  I=3
      DX = XX - X(I)
      P= A(I) + B(I)*DX + C(I)*DX*DX + D(I)*DX*DX*DX
      RETURN
      END
```

C-4

Programmbeschreibung

Programmname	: HERTZ
Zweck	: Berechnung der Kontaktfläche zwischen zwei beliebig gewölbten Körpern, die mit einer Normalkraft F aufeinandergepreßt werden.
Programmiersprache	: FØRTRAN
Form	: Hauptprogramm mit Unterprogramm APPRØX für lineare Interpolation zwischen zwei Punkten
Eingabeparameter	: EMØ : Elastizitätsmodul des oberen Körpers [kp/mm²] EMU : " " unteren " [--] ANUEØ : Querkontraktionszahl des oberen Körpers ANUEU : " " unteren "
KR = Krümmungsradius	: RXØ : KR des oberen Körpers in X-Richtung [mm] RYØ : " " " " " Y-Richtung [mm] RXU : " " unteren " " X-Richtung [mm] RYU : " " " " " Y-Richtung [mm] BMAX : maximale Breite der Kontaktfläche bei zylindrischen Körpern [mm] F : Normalkraft [kp] PHI : Winkel zwischen den Körperachsen [rad]
Ausgabeparameter	: A : Kontaktflächenhalbachse in X-Richtung [mm] B : " " Y-Richtung [mm] C : $C = \sqrt{A \cdot B}$ [mm] A/B : Halbachsenverhältnis [--] RHØ : Ersatzkrümmungsradius [mm] PMAX: maximale Pressung in der Kontaktfläche [kp/mm² und N/mm²]
Datenzusammenstellung	: Karte Nr. DATEN 1. EMØ, EMU, ANUEØ, ANUEU (Format: 4 F 10) 2. RXØ, RYØ, RXU, RYU, BMAX, F, PHI, (Format: 7 F 10) 3. RXØ,.........

C-5

Eingabewerte für Krümmungsradien, Breite, Kraft and Winkel werden mit den Ergebnissen gemeinsam nach jeder Rechnung ausgedruckt. Krümmungsradien über 10 000 mm werden als ∞ angesehen.

Methode : Grundlage der Rechnung sind die Hertzschen Gleichungen für das genannte Problem (s. Hütte I, Theoretische Grundlagen, (S. 964-967)). Es werden allgemeiner Fall und Spezialfall zylindrischer Körper mit parallelen Achsen getrennt bearbeitet.

a) Allgemeiner Fall

Aus den Krümmungsradien wird der Hilfswinkel ϑ bestimmt. Daraus werden mit Hilfe der im Programm integrierten Tabellen für η und ξ durch lineare Interpolation die zutreffenden η-und ξ-Werte ermittelt. Die Halbachsen sind dann:

$$a = \sqrt[3]{\frac{\xi^3\, 3(1-\nu^2)F}{E\left(\frac{1}{r'}+\frac{1}{r}\right)}}$$

$$b = \sqrt[3]{\frac{\eta^3\, 3(1-\nu^2)F}{E\left(\frac{1}{r'}+\frac{1}{r}\right)}}$$

und die maximale Pressung

$$p_{max} = 1{,}5 \cdot F/\pi \cdot a \cdot b$$

b) Spezialfall Rolle - Rolle (Platte) :

Wenn RYØ $\rightarrow \infty$, RYU $\rightarrow \infty$

und PHI = 0, dann gilt

$$b = b_{max} \qquad a = \sqrt{8\, F\, r\, (1-\nu^2)/\pi\, E\, b_{max}}$$

und

$$p_{max} = 2\, F/\pi \cdot b_{max} \cdot a$$

D

Eingabewerte und Ergebnisse des Rechenprogramms HERTZ

E-MOD-O= .210E+05 E-MOD-U= .210E+05 NUEO= .300E+00 NUEU= .300E+00

RXO	RYO	RXU	RYU	BMAX	F	PHI
(MM)	(MM)	(MM)	(MM)	(MM)	(KP)	(--)
.100E+06	.290E+03	.475E+03	-.385E+03	.700E+02	.500E+04	0.
A	B	C	A/B	RHO	PMAX	PMAX
(MM)	(MM)	(MM)	(--)	(MM)	(KP/MM**2)	(N/MM**2)
.457E+01	.832E+01	.617E+01	.549E+00	.135E+04	.627E+02	.615E+03

RXO	RYO	RXU	RYU	BMAX	F	PHI
(MM)	(MM)	(MM)	(MM)	(MM)	(KP)	(--)
.135E+03	.580E+02	.950E+02	-.770E+02	.700E+02	.400E+02	0.
A	B	C	A/B	RHO	PMAX	PMAX
(MM)	(MM)	(MM)	(--)	(MM)	(KP/MM**2)	(N/MM**2)
.404E+00	.104E+01	.649E+00	.387E+00	.180E+03	.453E+02	.444E+03

GPSR Compliance

The European Union's (EU) General Product Safety Regulation (GPSR) is a set of rules that requires consumer products to be safe and our obligations to ensure this.

If you have any concerns about our products, you can contact us on ProductSafety@springernature.com

In case Publisher is established outside the EU, the EU authorized representative is:

Springer Nature Customer Service Center GmbH
Europaplatz 3
69115 Heidelberg, Germany

Batch number: 10584556

Printed by Printforce, the Netherlands